全民科学素质行动计划纲要书系

U0675086

CAISE TUJIE DANGDAI KEJI

彩色图解当代科技

——从绿色农业到可持续发展

高　潮　甘华鸣　主编

科学普及出版社
北　京

图书在版编目(CIP)数据

从绿色农业到可持续发展 / 高潮，甘华鸣主编.—北京：科学普及出版社，2008.1
（彩色图解当代科技）
ISBN 978-7-110-05976-0

Ⅰ.从… Ⅱ.①高…②甘… Ⅲ.①农业生产—无污染技术—图解②农业—可持续发展—图解 Ⅳ.S-01

中国版本图书馆CIP数据核字（2007）第199359号

自2006年4月起本社图书封面均贴有防伪标志，未贴防伪标志的为盗版图书。

主　　编	高　潮　甘华鸣
副 主 编	王鸿生　段伟文　马俊杰　傅　立
	孙立新

编　　委	（以姓氏笔画为序）
	马建平　马建波　马俊杰　王鸿生
	甘华鸣　刘　奇　孙立新　李　东
	杨贤友　张舒阳　林　坚　段伟文
	高　潮　高素兰　郭全胜　傅　立

策划编辑	肖　叶	责任编辑	杨朝旭
封面设计	阳　光	责任校对	张林娜
责任印制	安利平	法律顾问	宋润君

科学普及出版社出版

北京市海淀区中关村南大街16号　邮政编码：100081

电话：010-62103210　传真：010-62183872

http://www.kjpbooks.com.cn

科学普及出版社发行部发行

北京金盾印刷厂印刷

*

开本：720毫米×1000毫米　1/16　印张：10.25　字数：200千字
2008年1月第1版　2008年1月第1次印刷
ISBN 978-7-110-05976-0/S·428
印数：1-5000册　定价：36.00元

编 者 的 话

现代科技正在不可思议地改变着世界。

人类从来没有像今天这样依赖于科学技术的发展和创新。我们不能设想，离开现代科技的支持，我们的社会和生活将会变成什么样?现代人的衣、食、住、行，乃至思想、观念、行为、情感、心理等诸多方面，都因为科学技术的发展而发生着前所未有的变化。"科技含量"这一概念，不仅仅是衡量某一产业、产品的关键标准，也是判断和考察人的生活质量的重要依据之一。科学家在现代社会里扮演着魔术大师一样的角色，他们的大量成就令人目瞪口呆。现代科学技术所达到的高度和取得的成就，超出了多数人的想象力和心理承受力，很容易让人产生"惊呆了"、"吓坏了"的感觉。现代科学技术所独具的无穷力量和巨大作用使得它被尊为"第一生产力"而受到格外的重视。"科教兴国"战略和"自主创新"战略的确立，把科学技术和创新体系作为国家兴盛、民族崛起和人民幸福的寄托、希望和实现途径。这是极为正确的战略抉择!

然而，在我们尽情享受现代科学技术创造和提供的一切成果的同时，我们对现代科技又知道多少呢?陌生的熟悉与熟悉的陌生，这种矛盾的感觉时常困扰着人们。对于司空见惯的东西，我们往往又所知甚少。科技成果与我们的生活息息相关，而科技活动又与我们相距甚远。有调查表明，现代人的科学水平和科学素质不容乐观。我们大多数人不可能也没有必要成为现代科技专家，但掌握一定的科学知识、科学方法、科学思想，培养良好的科学态度和科学精神是每一个公民应具备的基本素质。理解科学才能尊重科学、使用科学。这就是我们从小就倒背如流的"学科学、爱科学、讲科学、用科学"。

《彩色图解当代科技》是一套内容与形式俱佳的高级科普读物。该书的特点非常鲜明：一是内容丰富，信息充足，重点突出，详略得当，抓住了"前沿"、"新进展"和"新成果"。二是体系严谨，条理清楚，语言精炼，表达准确，做到了用科学的语言叙述科学。三是图文并重，形象直观，尽量采用了准确简明的图表等非文字语言符号的表述形式，每一页文字都配置相应的一页彩图，作为前面文字的背景、佐证和辅助说明。

科学技术不是日常生活经验，更不是文学创作。试图通过听一个故事或打一个比喻就了解科学真义的想法是不现实的。科学有着自己独特的、规范的概念体系和语言表达方式。真正的科普读物首先要传达科学信息，其次要尽量通俗，既不能因深奥而难以理解，也不能因流俗而伤害科学，这两者结合得很好是一件不容易的事情。我们一直在努力。但即使如此，读高级科普读物仍不会像读小说那么轻松，我们相信，只要你对科学怀着一种敬重和执著，就一定能走近科学。《彩色图解当代科技》将帮助拉近你与现代科学技术之间的距离。

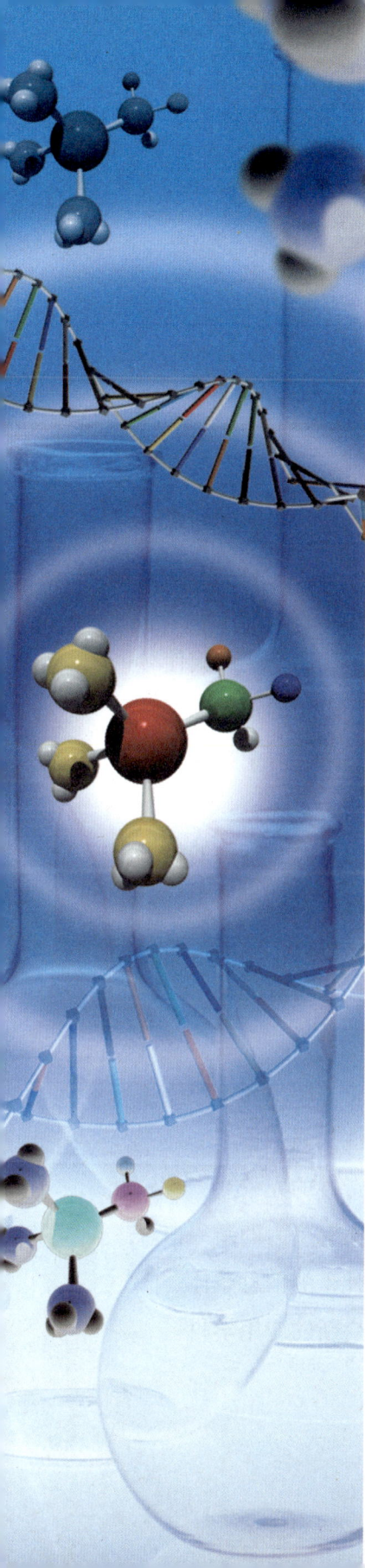

目 录

第一章 农业科学技术：
绿色的呼唤

第一节 农业：
最古老而又最基础的产业

　　农业是人类历史上最早出现的产业，也是人类得以生存和发展的最重要的产业，事关人类的衣、食、住、行，因而任何一个国家都必须以农业作为其发展经济的基础。美国是世界上经济最强大的国家，其农业的发展也是其他国家所无法相比的。20世纪80年代后期的巴西，债台高筑，通货膨胀亦如脱缰野马，但因为其农业仍以每年4.8%的速度增长着，所以经济并未崩溃。但第二次世界大战后超级大国前苏联，由于其农业的长期落后，不得不连同发达的工业一起陷入困境，最后导致国家的瓦解。

　　随着世界人口的膨胀，农业问题更显重要和突出。但农业是弱质产业。农业资源尤其是土地资源特别稀缺，所以人类要解决农业问题，只有依靠农业科学技术。美国政府和技术界都特别注重农业技术的研究和推广工作，这也是美国农业遥遥领先的根本原因。世界其他国家也越来越认识到这一点，从而使农业技术进入了一个新的发展阶段。

▷ 中国汉代的一幅描绘狩猎和收获场面的砖画

◁ 在麦田中行进的大型联合收割机

▷ 美国一家农场的工人正在使用自动化草莓采摘机收获草莓

第二节 "绿色革命"：为人类造福的生产技术改革

一、"绿色革命"已取得的成就

"绿色革命"是发达国家在第三世界以培育和引进高产稻麦品种为主要内容的生产技术改革活动。这一活动始于 20 世纪 40 年代，20 世纪 60 年代中期在发展中国家兴起，其特点是：以小麦花药培养单倍体（见图 1-1），大规模地推广矮秆、半矮秆、抗倒伏、高产、适应性强的水稻和小麦等谷物优良品种，扩大和改进灌溉，大量施用化肥和农药，从而大幅度提高土地生产率和劳动生产率，使世界粮食的增长超过人口增长。

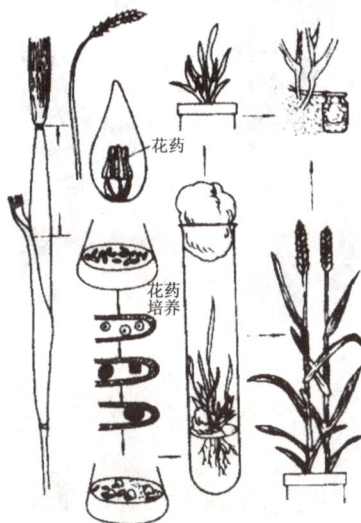

花药

花药培养

图 1-1 以小麦花药培养单倍体

许多发展中国家实施"绿色革命"战略，获得了极大的收益。墨西哥从 1960 年推广矮秆小麦的 3 年间，种植面积占总种

▷ 20世纪40年代到20世纪70年代的第一次"绿色革命"部分缓解了世界性的粮食危机

◁ 设在菲律宾的国际水稻研究所培育的水稻良种使一些第三世界国家的稻谷产量大为提高

◁ 一位南亚农民正在稻田里喷洒有机农药

植面积的 95%，总产量比 1944 年提高 5 倍。印度是"绿色革命"有代表性的地区，种植的高产稻、麦品种达 2 800 万公顷，并配合灌溉和施肥等技术的改进和投入，到 1980 年，其粮食总产量从 7 235 万吨增至 15 237 万吨，由粮食进口国变为粮食出口国。日前，发展中国家种植的 15 亿亩小麦中，有 60% 的面积采用了绿色革命的育种成果，得到了不同程度的增产，在一定程度上缓和了世界粮食紧张状况。

二、"绿色革命"的新使命

由于社会条件和基础设施的限制，高产品种优越性的发挥遇到许多问题，第一次"绿色革命"虽取得了一定绩效，但并未完全达到预期的目的。另外，据预测，1990～2020 年的 30 年中，发展中国家人口的比率将由 76.4% 增至 85.2%，即由 40.5 亿增至 66.8 亿。为了对付这一形势，1990 年世界粮食理事会第 16 次部长会议提出，在发展中国家开展第二次"绿色革命"。

第二次"绿色革命"的使命是将现代工业和科学技术作为"绿色革命"的技术前提，由原来的以推广高产品种为主，逐步转为进行综合农业技术改革。第二次"绿色革命"的根本特征是将生物技术等高科技应用于农业。

第二次"绿色革命"的主要内容包括以下三个方面：第一，在巩固水稻、小麦、玉米育种等第一次绿色革命成果的基础上，向农业其他领域扩展；第二，在有效利用灌溉地的同时，向旱地、低地、丘陵山地扩展；第三，扩大生物技术的研究与应用，开展"基因革命"。利用基因工程技术培育固氮、抗寒、抗高温、抗盐碱、抗病害的优良作物品种，将会为第二次"绿色革命"的使命的实现作出重大贡献。

三、中国在"绿色革命"中的先锋作用

中国在第一次"绿色革命"中实际起着先锋作用。当国际上"绿色革命"处于酝酿阶段时，中国的矮秆育种之花已经开

▷ 生物工程技术的发展将掀起第二次"绿色革命"的浪潮

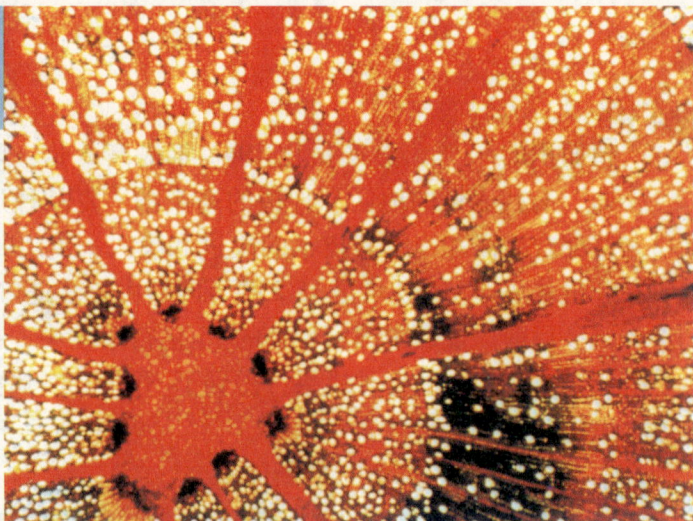

◁ 运用基因工程技术培育的具有高产和抗逆性能的土豆

▷ 美国农民正在通过与全球卫星系统相连接的电脑获取市场行情

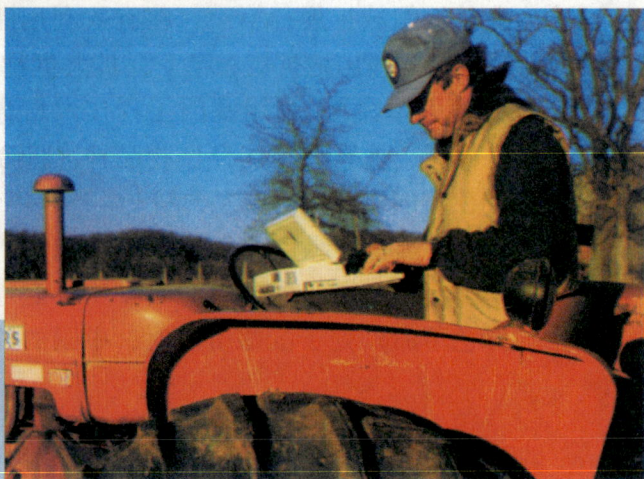

遍大江南北。1956 年，广东省农民育种家洪群英等就利用株高仅 75 厘米的品种，培育出中国第一个大面积推广的矮秆早籼良种"矮脚南特"。1965 年南方稻区基本实现籼稻矮秆化，促使亩产量从 200～250 千克提高到 300～350 千克。

之后，中国杂交水稻的选育与推广又取得了巨大成就。1973 年，实现了三系配套，即：雄性不育系、保持系和恢复系。1975 年基本上建立了种子生产体系，并大面积推广了"南优"、"汕优"、"威优"和"四优"四大组合，从而使全国水稻平均亩产由 232 千克增至 328 千克。中国实际上已跨入了第二次"绿色革命"阶段。

第三节　"持续农业"：经济、社会、技术与环境协调发展的农业

在全球人口迅速增加，自然资源迅速减少，环境不断恶化，许多动植物灭种等严酷的现实面前，人们提出了一个新概念——"持续农业"，即：不造成环境退化、技术上适当、经济上可行、社会上能接受的农业，也就是经济、社会、技术与环境协调发展的农业。持续农业的关键点是，在维持或提高农业生产者纯收入水平的同时，减少农业对环境的不良影响；在以生态环境可以接受的代价来满足社会对食品和纤维需求的同时，保护自然资源基础。

"持续农业"有多种模式，如"生态农业"、"有机农业"、"工业农业"、"替代农业"等等。国际有机农业运动联合会给有机农业列出了 11 条原则，凡符合的，则称之为"有机农业"；加拿大科学委员会提出了六个"持续农业"的方案，让人们选择；美国提出了工业农业和替代农业两种模式。美国"工业农业"模式主张在减少化肥和农药施用量的同时，依靠工业技术和生物技术来发展农业生产。"替代农业"模式主张利用小农场生产技术和农场劳动力，减少对非再生能源的利用，加强农场管

◁ 中国杂交水稻之父——中国工程院院士袁隆平

▽ 第二次"绿色革命"的目标之一是在环境恶劣的地区发展生态农业

◁ 中国通过推广杂交水稻，大面积地提高了水稻的产量

理和资源保护。

发展"持续农业"已成为全球的共同目标。1980 年，世界自然与自然资源保护联盟第一次提出"持续发展的概念"；1987 年 7 月，世界环境与发展委员会等国际组织提出"2000 年转向持续农业的全球政策"；1991 年 4 月，联合国粮农组织在荷兰召开了"持续农业"与环境会议，把"持续农业"与农村发展联系在一起；1993 年 5 月，在中国举行了国际持续农业与农村发展研讨会，提出了发展"持续农业"的具体行动建议；2002 年在中国召开了第二届国际可持续农业会议。拥有世界一流农业的美国对"持续农业"尤为重视：1986 年，美国明尼苏达州议会通过了《持续农业法》；1988 年 2 月，美国农业部决定将"低投入持续农业"列为重点项目。

"持续农业"迅速兴起，已成为当今国际农业的主要潮流和方向。我国也已经将"持续农业"引入，并开始了初步的探索。

第四节　农业发展的广阔前景：
高科技对农业的渗透

高科技的发展为人类的生存和发展提供了更广阔的空间，高科技对农业的贡献，为人类的衣食问题提供了可以展望的未来。

一、"白色农业"的出现

"白色农业"，又被称为"微生物农业"，或者"生物细胞农业"，是 20 世纪 90 年代在国际上兴起的一种新的农业生产方式。它是将近年来迅速发展起来的"基因工程"、"细胞工程"和"酶工程"等新技术运用于微生物发酵，并将微生物发酵技术应用于农业生产后发展起来的。

"白色农业"有很大潜力。据科学家预测，如果把中国的秸秆通过微生物发酵变为禽畜饲料，则不仅可以替代中国每年饲

▷ 生态农业产品因为污染少而广受欢迎

◁ 发展生态农业不仅使人们可以吃上无公害的绿色食品，而且能够使农业得到可持续发展

▷ 这是运用基因工程技术培育的防虫害烟草

料用粮800亿千克，而且还可以形成相当于中国1 200亿千克饲料用粮的富余畜禽饲料，从而可以扩大畜禽的生产。再如，如果利用微生物发酵工程，仅利用每年世界石油总产量的4%，就能生产出可供40亿人吃一年的单细胞蛋白。一座占地不多的微生物工厂，可年产10万吨单细胞蛋白，相当于3亿亩草地饲养的牛羊一年所生产的动物蛋白。可见"白色农业"的前景。

二、农业技术的必经历程——农业机械化

农业技术中相当重要的一个分支就是农业机械技术。这在美国尤其得到了重视。美国农业在1910～1945年间经历了一场革命，全部实现了农业机械化，它不仅省下了大量的人力、物力，最主要的是抓住了季节，实现了专业化管理，从而大大提高了农业生产水平。

自从20世纪初拖拉机成为农业动力以来，农机具得到飞速地改善和发展，尤其是随着工业技术的发展，机器人也已走进了农业。20世纪70年代以来，人们发明并不断完善了能识别水果、蔬菜和蛋的颜色、大小和好坏的自动分拣机器人；20世纪80年代澳大利亚制造出剪羊毛的机器人；日本和法国还分别研制出采摘机器人；前苏联研制出一种智能型机器人饲养员。既能播种、除草、中耕，又能施肥、收割、脱粒的万能农业机器人正在研制中。

高科技对农业的渗透是全面的、多角度的，为农业的发展展示了极为广阔的前景。

第五节　现代农业技术剪辑：
高科技在农业中的应用

一、日本的"空中菜园"

"空中菜园"是利用水栽培的,其实践场"绿色工厂"的里

△ 科学家正在研制能够从食物中获得富含蛋白质的有机物。生物学家正在研究批量廉价合成蛋白质的方法

△ 中国科技人员正在进行辐射育种

▽ 农用飞机在喷洒农药

◁ 蔬果自动分选机正在自动挑选收获的番茄

面进行着工厂化流程生产。它的内部构造，即植物的根不是埋在土里，而是用氨脂和苯乙烯来固定，然后用泵把含有养分的水运送到植培床里，并通过计算机了解和控制"厂"内生产环境，促进植物的生长。这样，一年收获的次数：葱为 7 次，番茄为 18 次。这种栽培技术很快得到推广，据说，凡是土里生长的植物，"绿色工厂"都将能生产。

二、德国的"电子医生"

1991 年，两位德国工程师研制出能给花卉治病的"电子医生"。它是由电脑和许多传感器组成的。传感器可以测出花盆中土壤的特性、室内照明程度及温度，并把数据输给已贮存了正常植物生长情况的电脑。因而电脑可将传感器传入的信息与正常情况相对照，在几秒之内即能诊断出花卉是否患病、患什么病，并将诊断结果显示出来，还显示出进行养护的建议。

三、电脑里的"虚拟农场"

"虚拟农场"是指利用电脑技术来模拟农作物的生长。在电脑屏幕上，可以看着作物的枝蔓渐渐萌出、抽芽、生长、叶子展开直至结出果实。植物的生长历程，电脑可以将之浓缩在不到一分钟的时间里。电脑可以设计一种通用的基因模拟来模拟植物生长。用计算机对植物的生长过程和构造进行三维模拟，可以改变作物的栽培方式，还可显示作物未来能具有的性状。

"虚拟农场"技术的前景是美好的，科学家可在电脑里设计作物，并培育或用基因工程技术繁殖出真实的作物，这种作物可与具有最理想性状的虚拟作物相比。

▷ 芹菜的人工种子。这种人工培育的胚状体具有天然种子所没有的优良性状

◁ 在这台先进的拖拉机上，安装了一台计算机，能够显示通过卫星发送的有关信息，指导农民进行土壤分析

▽ 信息技术运用于农业，将使现代农业呈现前所未有的发展势态

▽ 实行无土栽培的"空中菜园"

第二章 空间科学技术：
通向太空的天梯

　　空间技术是当代科学技术中发展最快的尖端技术之一，是一个国家科学技术水平的重要标志。世界空间技术和航天活动的发展，极大地扩展了人类活动的新领域。这是人类认识自然、开发宇宙空间的一个质的飞跃。

第一节　空间科学技术的发展史：从万户飞天的失败到 V-2 火箭的成功

　　追溯源头，中国是最早发明火箭的国家，这是我们早已熟知的事实。"火箭"这个词在三国时代就已出现了。不过那时的火箭只是在箭杆前端绑有易燃物，点燃后由弓弩射出，故亦称"燃烧箭"。随着原始火药的出现，火药便取代了易燃物，使火箭迅速应用到军事之中。中国人不但发明了火箭，而且还最早应用了串联（多级）和并联（捆绑）技术以提高火箭的运载能力。

　　世界上第一个试图乘坐火箭上天的"航天员"也出现在中国。相传在 14 世纪末期，中国有位名为"万户"的人，两手各持一只大风筝，请人把自己绑在一把特制的座椅上，座椅背后装有 47 支当时最大的火箭。他试图借助火箭的推力和风筝的气动升力来实现"升空"的理想。"万户"的勇敢尝试虽遭失败并献出了生命，但他仍是世界上第一个想利用火箭的力量进行飞行的人。

▽ 中国人万户是最早为人类的飞行梦想而献身的英雄之一。可惜的是像他这样的梦想家在古代中国太少了

▷ 法国人凡尔纳的科幻小说《从地球到月球》大胆地设想了宇航时代的来临

▽ 运载火箭使人类走向太空，迎来了航天时代

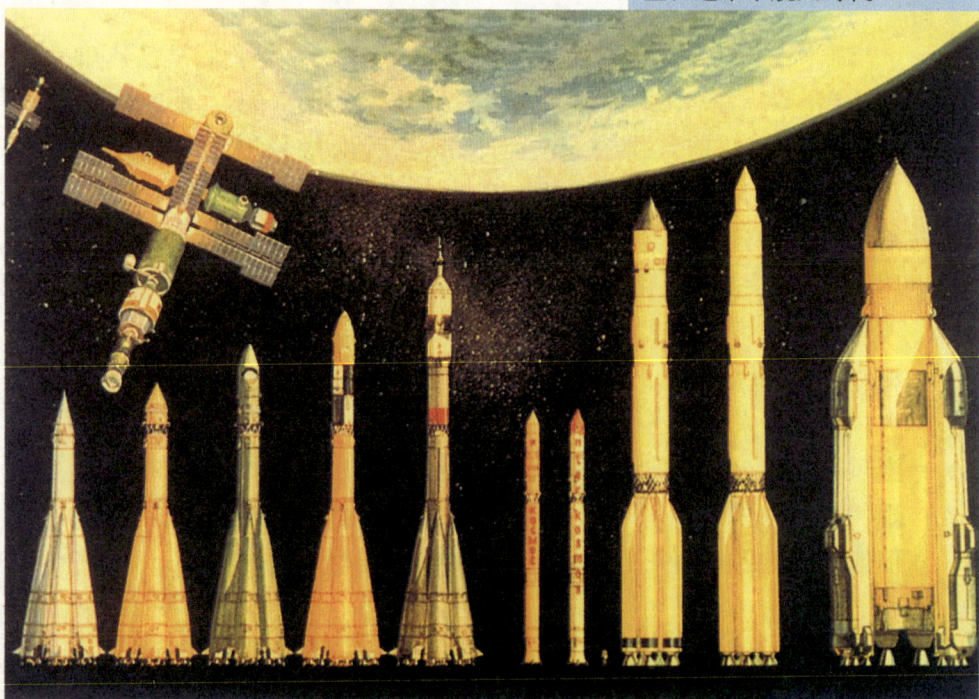

　　虽然我们的祖先发明了火药、火箭，但由于长期的封建统治，致使中华民族的聪明才智得不到充分发挥，科学技术因而停滞不前。尽管欧洲人在中国发明火箭的几百年后才学会使用火箭，然而现代火箭技术还是首先在欧洲得到了迅速发展（见图2-1火箭的组成）。

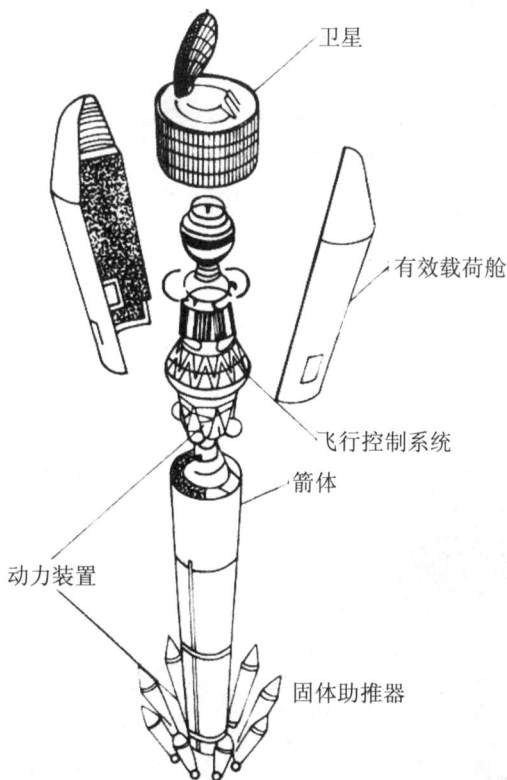

卫星

有效载荷舱

飞行控制系统

箭体

动力装置

固体助推器

图2-1　火箭的组成

　　20世纪初，俄国著名科学家齐奥尔科夫斯基从理论上证明了多级火箭可以克服地球的引力而进入太空，并建立了火箭运动的基本数学方程，奠定了航天学的基础。此外，它肯定了液体火箭发动机是航天器最适宜的动力装置，为运载器的发展指出了方向，并指出为实现飞向其他行星必须设置中间站以及火箭在星际

▷ 中国古代的火箭

◁ 这是用于提供额外起飞动力的火箭固体燃料推进器。它们燃烧完毕后将被抛掉

▽ 最著名的火箭专家冯·布劳恩。他在第二次世界大战期间设计了著名的V－2火箭，后来他主持研制的"土星"5号火箭将人类带上了月球

空间飞行的条件和火箭地面起飞条件。

美国的火箭专家、著名物理学家和现代航天学奠基人之一戈达德博士，把航天理论与火箭技术相结合，提出了火箭飞行的数学原理，指出火箭必须具有每秒7.9千米以上的速度才能克服地球引力，同时他研究了利用火箭把载体送至月球的几种可能方案。戈达德从1921年开始研制液体火箭，于1926年3月16日进行了人类首次液体火箭飞行实验并获得成功，这使得他成为液体火箭的实际创始人。

1942年10月3日，德国首次成功地发射了人类历史上第一枚弹道导弹——V-2火箭（图2-2 V-2弹道式导弹），并于1944年

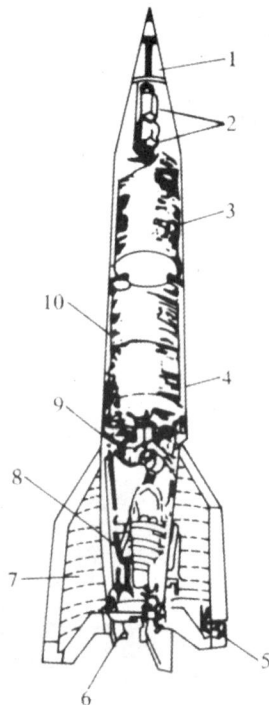

图2-2 V-2弹道式导弹

1-战斗部；2-制导系统；3-酒精贮箱；4-液氧贮箱；5-空气舵；
6-燃气舵；7-尾翼；8-液体火箭发动机；9-涡轮泵；10-弹体。

△ 被誉为"火箭之父"的俄国人齐奥尔科夫斯基。他于1903年提出了火箭运动速度所遵循的"齐奥尔科夫斯基公式"

▽ 宇航先驱美国物理学博士戈达德与他的试验火箭。他成功研制并发射了世界上第一枚液体燃料火箭

9 月 6 日首次投入作战使用。在第二次世界大战期间,先后有约 4 300 枚导弹袭击了英国、荷兰和其他目标,破坏严重。V－2 火箭是单级液体火箭,全长 14 米,质量为 13 吨,箭体直径1.65 米,最大射程 320 千米,发动机熄火高度 96 千米,飞行时间约 320 秒,命中精度圆公算偏差 5 千米,有效载荷约 1 吨。

V－2 的成功在工程上实现了 19 世纪末、20 世纪初航天技术先驱者的技术设想,并培养和造就了一大批有实践经验的火箭专家,对现代大型火箭的发展起到了继往开来的作用。V－2 的设计虽不尽完美,但它确是人类拥有的第一件向地球引力挑战的工具,成为航天技术发展史上的一个重要里程碑。

第二节　当代空间科学技术的成就：揭开太空神秘的面纱

第二次世界大战之后,美、苏通过分别接收参与 V－2 研制的部分专家、设备及资料,为这两个国家的火箭和导弹技术的迅速发展创造了有利的条件。在 V－2 的基础上,以美、苏为主研制的火箭武器得到迅速发展,各种类型的导弹武器相继问世,并形成了一个完整的导弹武器系统。

通过各种型号导弹的研制,人们积累了研制现代火箭系统的经验并建立了初具规模的配套工业设施。至此,不少科学家意识到,人类已经初步掌握了进入空间的基本技能。

1957 年 10 月 4 日,苏联成功地发射了第一颗人造地球卫星,从而开创了人类的航天新纪元；1961 年 4 月 12 日,苏联成功地发射了第一艘"东方"号（见下页图）载人飞船,尤里·加加林成为人类第一位航天员,揭开了人类进入太空的序幕。

一、"阿波罗"登月计划

1969 年 7 月 20 日,美国航天员阿姆斯特朗和奥尔德林驾驶

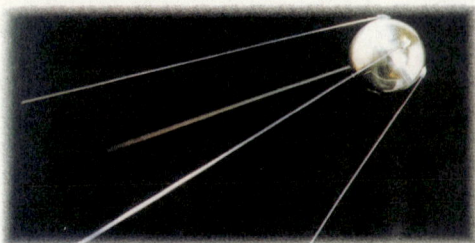

△ 1957年苏联成功发射的第一颗人造地球卫星"斯普特尼克"1号。卫星带有四根发射天线，球体直径为58厘米，重83.6千克

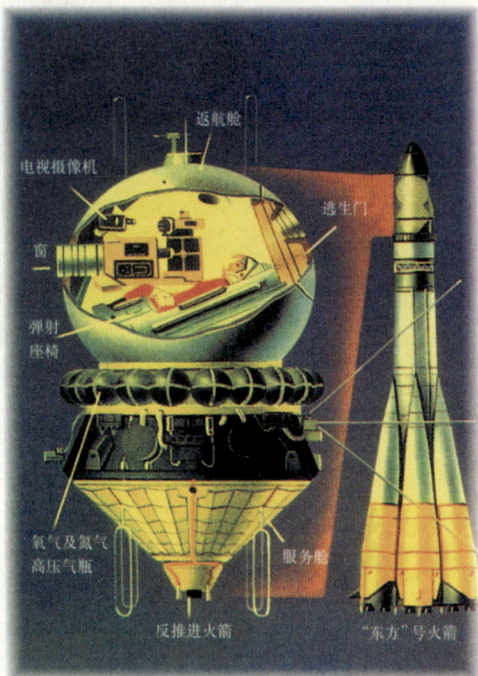

电视摄像机　返航舱
逃生门
窗
弹射座椅
氧气及氮气高压气瓶　服务舱
反推进火箭　"东方"号火箭

△ "东方"1号结构示意图

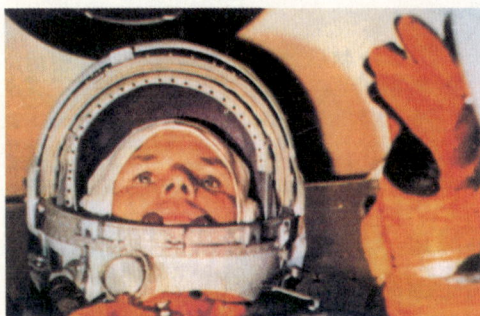

△ 人类第一个太空人尤里·加加林在人类第一艘载人宇宙飞船"东方"1号中

▽ "阿波罗"号宇宙飞船正在月球轨道上飞行

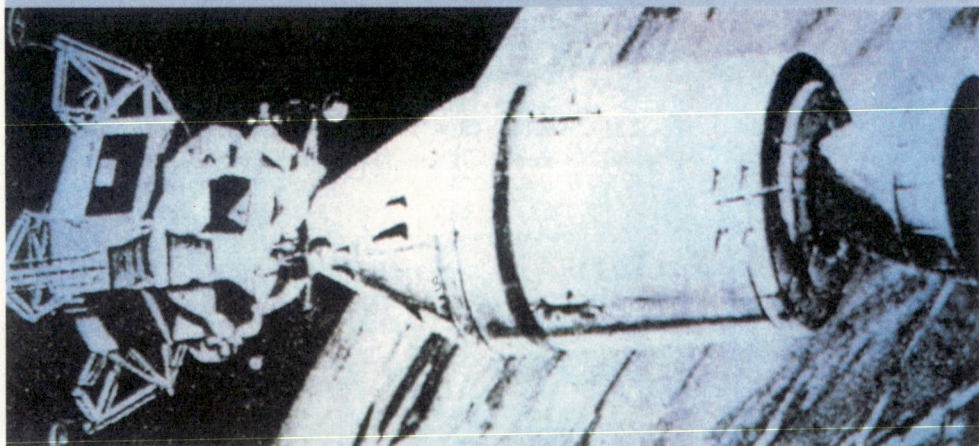

"阿波罗"11号飞船的登月舱降落在月球赤道附近的静海区。首次实现了人类登上月球的理想。这是一次震动全球的壮举，也是世界航天史上具有重大历史意义的成就。此后，"阿波罗"12号、"阿波罗"14号～17号相继登月成功，对月球进行了广泛的考察。"阿波罗"工程集中体现了现代科学技术的水平，推动了航天技术的迅速发展。

二、航天飞机计划

1981年4月12日，世界上第一架航天飞机"哥伦比亚"号，在一片欢呼声中徐徐上升，进入太空，在轨道上遨游了54小时后，安全地返回地面，航天飞机为人类自由进出太空提供了很好的工具，是航天史上的一个重要里程碑。

航天飞机是可以重复使用的、往返于地球表面和近地轨道之间、运送有效载荷的飞行器。航天飞机通常设计成火箭推进的飞机，它发射时像火箭那样垂直起飞，返回地面时又像滑翔机或喷气客机那样下滑和着陆。航天飞机集中了许多现代科学技术成果，是火箭、航天器和航空器技术的综合产物。它的特点是可以多次重复使用，发射成本较低，用途广泛。

航天飞机用途广泛，如在太空发射各种卫星。航天飞机的货舱能容纳两颗五六吨重的卫星，当航天飞机进入地球轨道后，就可以把装在货舱中的卫星送入太空。这样，不仅简化了卫星的发射程序，而且也降低了卫星发射成本。如果在轨道上运行的卫星或飞船出了毛病，航天员可驾驶航天飞机接近它，然后把它抓回货舱，进行修理，修好后再放进太空继续工作。

如果在货舱里装上各种科学仪器和设备，那么，货舱就成了太空实验室，可以供科学家们进行科学研究和实验。这样，可充分利用太空的特殊环境完成地面难以或无法进行的科学实验。当然，也可以利用货舱制造地面难以生产的工业产品或高纯度的药物，如提取治疗脑血栓的尿激酶和多种抗癌药物。目前，各航天

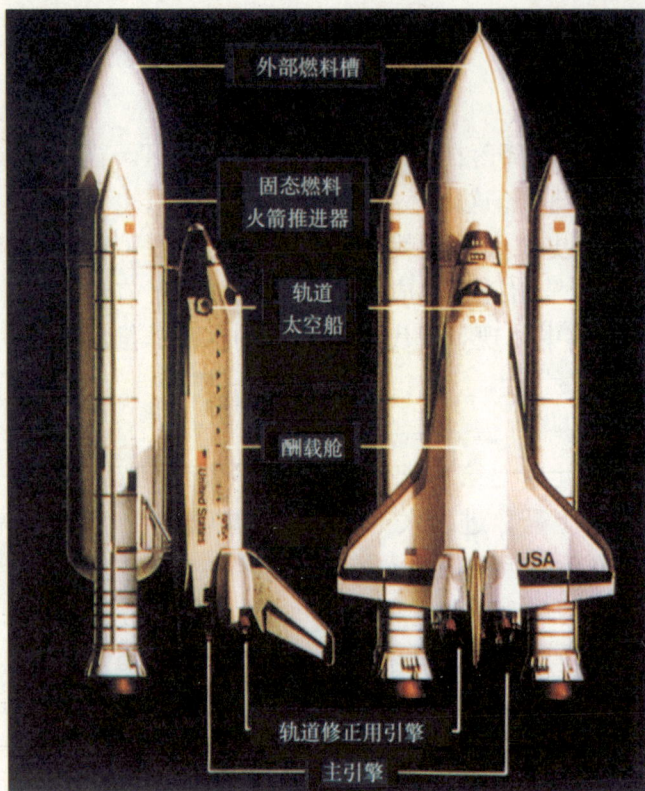

外部燃料槽

固态燃料
火箭推进器

轨道
太空船

酬载舱

轨道修正用引擎

主引擎

△ 航天飞机外部构造示意图

△ "哥伦比亚"号航天
飞机首航成功

▷ 美国科学家在
航天飞机中进行材
料科学实验

强国正着手研究更为先进、经济的天地往返运输系统——单级或两级水平起降的航天飞机。

三、探索火星之谜

火星是太阳系中的第四颗行星，也是我们地球的邻居。火星上有没有生命一直是科学家们多年来争论不休的问题。大多数科学家持否定态度，认为在火星上不可能存在生命，哪怕是极小的微生物，但有一些科学家却始终如一地坚持认为火星上可能存在生命现象。

1976年7月20日在火星表面软着陆的美国"海盗"1号探测器，携带一台用来进行生物实验的仪器。这台仪器把一种化学药品注入到火星表面9个地点的土壤中，然后检测土壤中的有关生命信号。如果土壤中存在着微生物，它们"吃掉"化学药品后，会释放出气体。由于仪器的灵敏度很高，很容易测到这种气体。果然这台仪器探测到了微生物"打嗝"声，因此，一些科学家认为火星上可能存在着生命。

而许多科学家对这些实验提出异议。但十多年来少数科学家仍然坚持认为火星上有生命，并一再建议美国宇航局再次向火星发射探测器，进一步探明火星上有无生命存在。他们认为，如果火星上确实存在生命，且发现火星上和地球上的生命之间毫无联系，那就有巨大的科学价值，就可以证实，生命曾不止一次地产生过。

2001年，美国发射"奥德赛"火星探测器，2004年"勇气"号和"机遇"号火星车登陆火星并发现有水的证据。

近几年来，少数科学家的发现和见解引起许多科学家的兴趣和重视。1989年，美国首先提出载人登上火星的计划。但是真正实现这个计划又谈何容易呢？各国科学家都认识到，只有各国联合起来，让航天员共乘一艘飞船，联合飞往火星，才能揭开火星的奥秘。

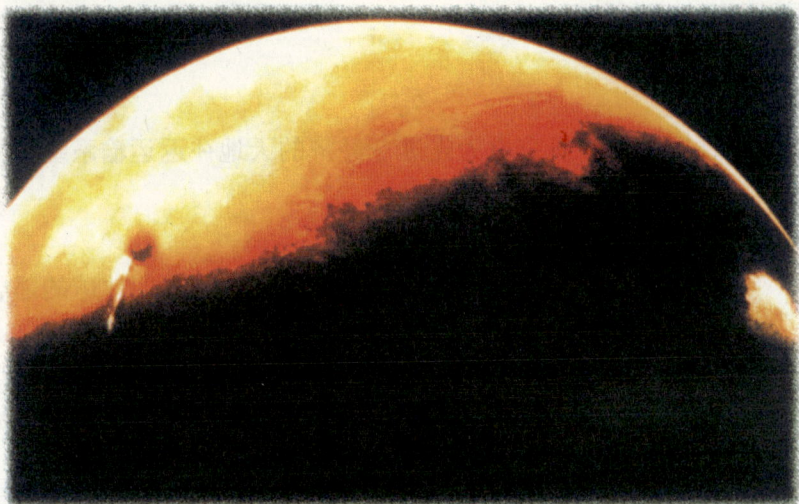

△ 从"海盗"号探测器发回的火星影像，从中可见火星表面的大峡谷，但没有看到人们臆测的"运河"

◁ 在火星上着陆的"海盗"号探测器

▽ 从"海盗"2号探测器中所看到的火星表面

第三节　空间科学技术的应用：迷人的前景

一、发展空间产业

航天技术为发展空间工业创造了条件。人们在空间站上利用空间的高真空、强辐射、超低温、无噪声和持续失重等特殊环境条件进行新型材料加工和试制新的贵重药品。在失重状态下，物体能自由悬浮在空中，冶炼金属可以不用容器，用很微弱的静电力或电磁力就可左右它的位置。对冶炼材料可以加热到极高温度，而不受容器耐温能力的限制，因此能冶炼钛、钨等高熔点金属；由于冶炼材料不同任何容器接触，所以"一尘不染"，具有极高的纯度。另外，在空间站上，至少可以制取几十种特效生物药品，例如可治糖尿病的 B 细胞、可治侏儒病的生长激素、治疗贫血的红血球生成素抗溶血因子、治疗病毒性疾病和癌症的干扰素等。

空间产业有十分诱人的前景和经济效益，但目前尚处于探索阶段。

二、人类探索宇宙的眼睛——"哈勃"太空望远镜

被称为太空"眼睛"的"哈勃"望远镜，是人类应用空间技术探索宇宙的又一大成就。它重达 12 吨，价值 15 亿美元，于 1990 年 4 月 20 日由航天飞机带入太空，25 日被拖放到 613 千米高的地球轨道上。

"哈勃"太空望远镜的运行周期为 97 分钟，即每隔 97 分钟绕地球运行一圈，一天之内日出日没达 15 次，进出地球阴影区 15 次。

"哈勃"太空望远镜是一座结构复杂、设备先进的空间天文台，全长 12.8 米，镜筒直径 4.27 米，重 12 吨，是有史以来最

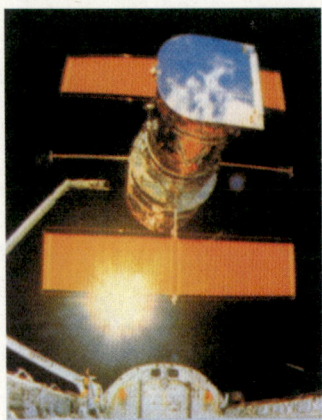

△ 从航天飞机中释放哈勃太空望远镜的情景

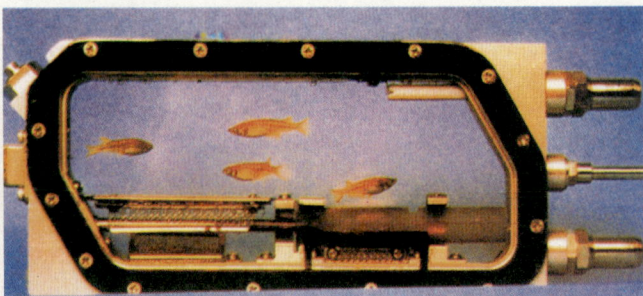

△ 在太空无重力的条件下进行生物繁殖实验的装置

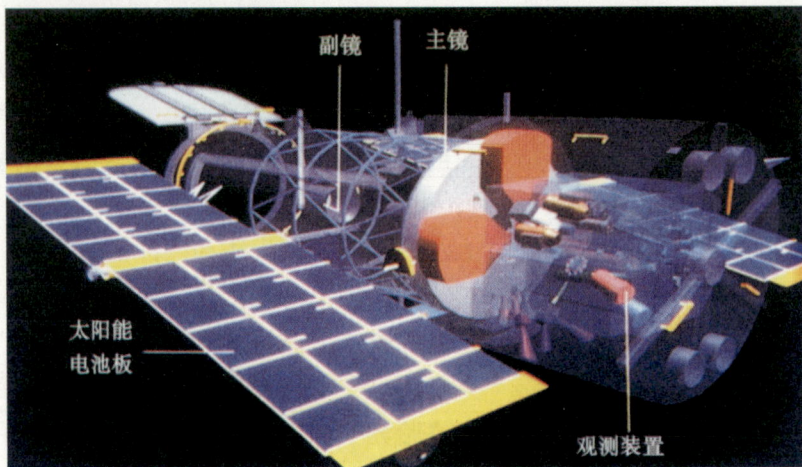

▷ 哈勃太空望远镜的结构

副镜　主镜

太阳能电池板

观测装置

▷ 美国航空航天局的科学家正在遥控哈勃太空望远镜的观测工作

大和最精确的天文望远镜。美国研制"哈勃"太空望远镜，是希望它像哈勃本人那样，去解决一系列天体物理问题，如让它观测早期宇宙的微光，揭开宇宙起源之谜，发现宇宙中绕其他恒星运行的行星，这是寻找外星人的重要方面，因为外星人只能存在于这些行星上；观察银河系中神秘的星洞；从事太阳系、恒星、星团、星系、星际介质的研究，揭开人们希望知道的或没有想到的许许多多的宇宙奥秘。

三、中国空间技术的现状

通信卫星是各种应用卫星中对社会影响最大、效益最显著的一种。中国自 1984 年以来，已经发射了多颗通信卫星，现已有多个转发器用于电视广播和各种通信业务。

为了进一步缓解通信卫星转发器紧张的局面，中国于 1997 年 5 月 12 日，在西昌卫星发射中心，利用"长征"三号甲火箭发射了新一代的广播通信卫星——"东方红"三号。

由中国空间技术研究院研制的"东方红"三号卫星，是自行研制的新型广播通信卫星，星上装有 24 个 C 波段转发器，工作寿命 8 年，现已成功定点于东经 125 度的地球同步轨道上空。

用来发射"东方红"三号卫星的"长征"三号甲火箭（见图 2 - 3"长征"三号运载火箭结构示意图），是最新研制的地球同步轨道运载能力较大的运载火箭。"长征"三号甲火箭起飞质量 240 吨，起飞推力为 300 吨，地球同步轨道运载能力为 2.6 吨。"长征"三号甲火箭新采用的大推力氢氧发动机、四框架挠性平台等多项新技术，目前世界上也只有少数国家掌握。

继"东方红"三号卫星成功之后，我国自行研制的第一代静止轨道气象卫星——"风云"二号又由"长征"三号火箭于 1997 年 6 月 10 日送入地球同步转移轨道。

△ "长征"三号运载火箭正在进行有效荷载的整流罩分离实验

▷ "长征"三号甲运载火箭成功发射"东方红三号"卫星

1997 年 5 月 12 日，长三甲火箭发射东方红三号卫星成功。

▽ 中国研制的新一代通信卫星"东方红"三号

有效载荷(卫星)
星箭分离面
仪器舱

整流罩

三级箱体

二、三级分离面
三级发动机

级间段
氧化剂箱
箱间段
燃烧剂箱

一、二级分离面

二级发动机

级间段

氧化剂箱

级间段

燃烧剂箱

尾段

一级发动机

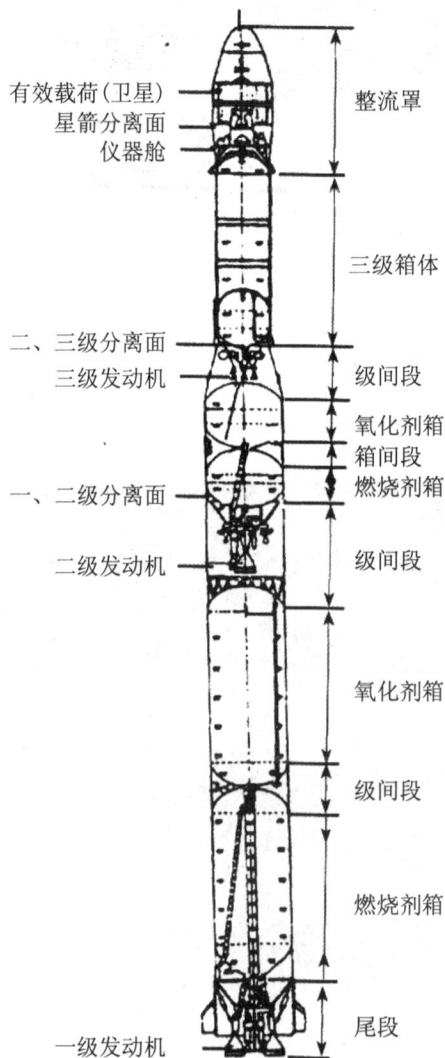

图2-3 "长征"三号运载火箭结构示意

▽ 我国发射的"风云"二号气象卫星

△ "东方红"三号卫星安装太阳翼后在进行光照试验

▽ "长征"三号火箭成功发射"风云"二号气象卫星

  "风云"二号气象卫星的发射和运行成功，使中国空间技术跨上一个新台阶，开拓了中国在地球静止轨道上进行对地观测的新领域，提高了中国气象预报和减灾防灾的及时性和准确性，使中国气象现代化和卫星应用事业进入一个新的阶段。

  新一代极轨气象卫星"风云"三号，升空后可实现全球、全天候、三维探测，从而大大提高我国对地观测能力和全球大气探测能力。

  1992 年中国政府制定了载人航天"三步走"发展战略。2003 年 10 月 15 日，神舟五号载人飞船发射升空，进行了为期 21 小时的首次载人航天飞行。2005 年 10 月 12 日，神舟六号飞船开始中国第二次载人航天飞行，在经过 115 小时 32 分钟的太空飞行，完成中国真正意义上有人参与的空间科学实验后，神舟六号载人飞船返回舱于 17 月凌晨 4 时顺利着陆，航天员安全返回。

  2004 年中国宣布探月工程计划。中国整个探月工程分为"绕""落""回"3 个阶段：一期工程为"绕"，即被命名为"嫦娥工程"的绕月探测工程，发射月球探测卫星，卫星绕月飞行，并进行遥测，力争 2007 年底之前发射。二期工程为"落"，即发射一颗月球软着陆器，并携带一个"月球车"，进行首次月球软着陆和自动巡视勘测，计划在 2012 年前后发射。三期工程为"回"，即再发射一颗月球软着陆器，进行首次月球样品自动取样并安全返回地球，在地球上对取样进行分析研究，计划在 2017 年前后发射。

  2007 年 10 月 24 日，中国第一颗探月卫星嫦娥一号在西昌卫星发射中心成功升空，一个月后传回并制作完成第一幅月面图像。

▷ "风云"二号气象卫星发回的第一张可见光云图

▽ 气象卫星所拍摄到的河流图像

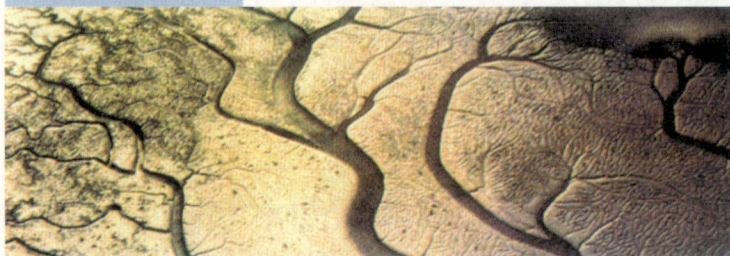

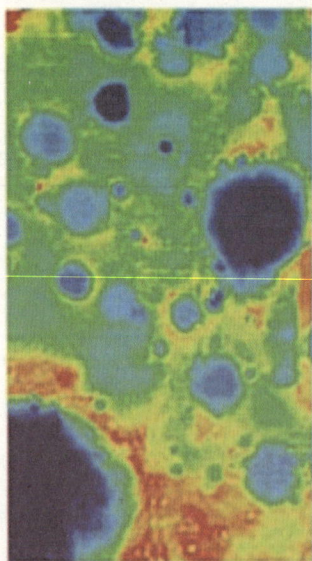

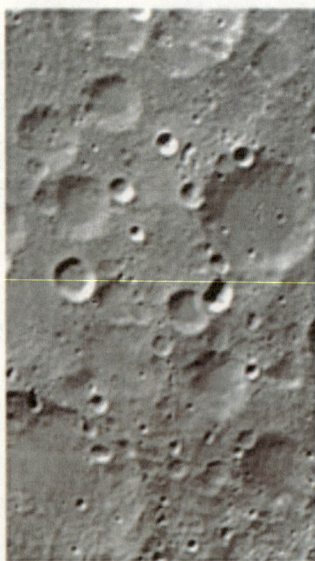

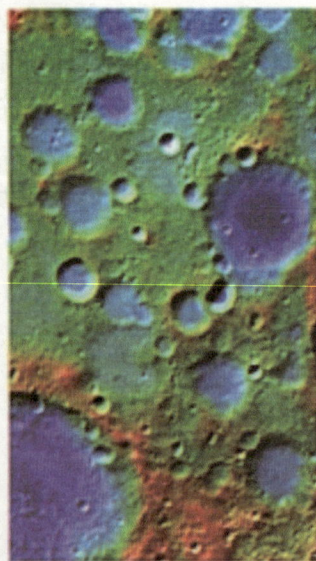

△ 中国首次月球探测工程第一幅月面图像局部区域形貌图

第三章　核科学技术：
从毁灭者到福音使者

现代高科技的飞速发展，改变了我们生活的内容和我们生活的世界，方兴未艾的新技术革命正在把我们引入一个全新的时代。在这个日新月异的年代，已经度过100周岁的核科学技术将以何种姿态迎接挑战？

很显然，在和平与发展成为时代主题的今天，冷战时期的宠儿——核武器技术不应该再占据核科学技术的主导地位，核能的和平开发与利用，认识更多的原子核特性，让核科学技术更好地造福于人类才应该是时代的要求和时代的潮流。本章将与读者共同追踪核科学技术中的热点和重点——受控核聚变，核成像技术，核元素分析技术。

第一节　受控核聚变技术：
让恶魔变成天使

降服一个魔鬼，让它只做善事，这个魔鬼就变成了天使。曾几何时，核反应带给人类的只是死亡和毁灭的阴影，当今世界上已经有了400多座核电站在源源不断地为人类送来光明和温暖。和平利用核裂变能量的实现是人类20世纪最伟大的成就之一，但与受控核聚变比起来，这仅仅是一个开始。

核聚变是指氢元素的两种同位素——氘和氚的原子核结合在一起形成氦核并放出能量的过程（见图3－1）。核聚变反应

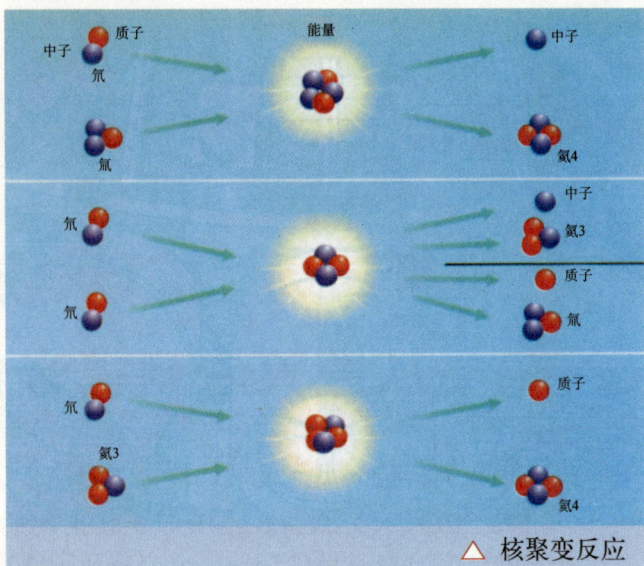

中子　质子
氘
氚
能量
中子
氦4

氘
氘
中子
氦3
质子
氚

氘
氚3
质子
氦4

△ 核聚变反应

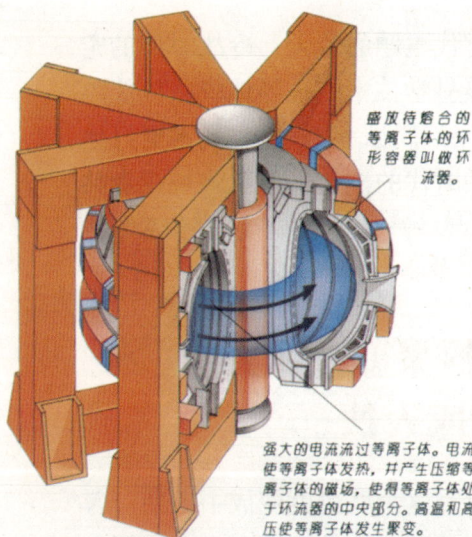

磁放待熔合的
等离子体的环
形容器叫做环
流器。

强大的电流过等离子体。电流
使等离子体发热，并产生压增等
离子体的磁场，使得等离子体处
于环流器的中央部分。高温和高
压使等离子体发生聚变。

△ 受控核聚变的托卡马克试验装置构
造图

▽ 美国普林斯顿大学托卡马克(TFTR)
聚变试验系统

发生的条件非常苛刻，理论上需要上亿摄氏度的高温和足够的密度。如何达到上亿摄氏度的高温和在如此高的温度下如何约束聚变原料都是非常棘手的问题。原子弹爆炸能够产生上亿摄氏度的温度，可以用来为核聚变"点火"。事实上，人们也这么做了，但这样做的后果是人们又获得了一种足以毁灭自己的武器——氢弹。受控核聚变的目的就是要让核聚变产生的能量能够缓慢地释放，供人们和平地利用。这个目标一旦实现，由于核聚变原料非常丰富，人类也就等于一劳永逸地解决了能源问题。

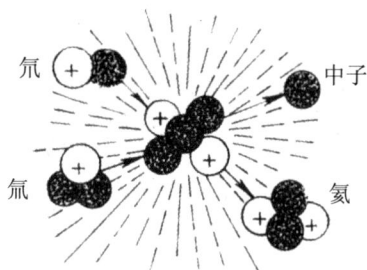

图 3-1　氘-氚热核反应

经过四十多年的努力，实现受控核聚变的目标虽然未能如愿以偿，但人们已经朝着自己的理想迈出了一大步。磁约束热核聚变和惯性约束核聚变便是通向理想彼岸的希望之舟。

一、实现受控核聚变的"直通车"——磁约束热核聚变技术

之所以称磁约束热核聚变为"直通车"，是因为这种方法的思路非常直截了当：实现核聚变不是需要足够的密度和温度吗？那就一边加热一边把核原料束缚起来，让它们能够同时满足温度和密度的需要。

它的原理大致如下：先把核聚变原料——氘或者氚加热升温，让它们成为高温高压的等离子态，同时利用外加磁场将这一

▷ 美国普林斯顿大学托卡马克(TFTR)聚变试验系统的真空室

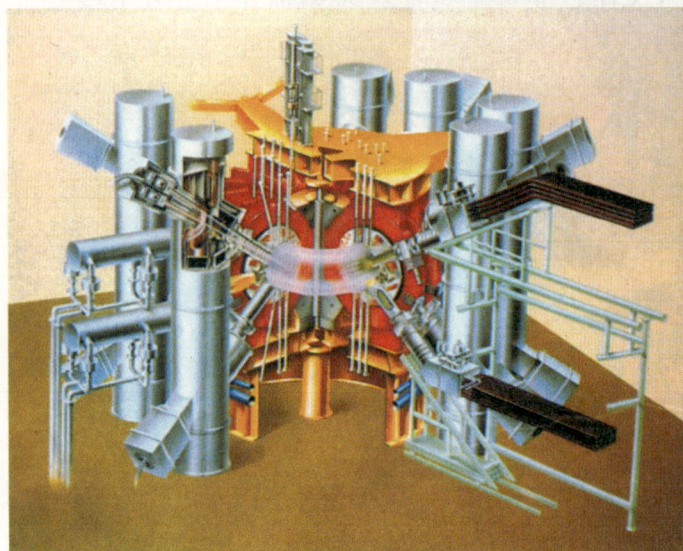

◁ 日本研制的核聚变试验反应器JT－60的构造图

▷ JT－60的真空器的内部

团等离子体约束在一定的空间内，不让它们四处飞散或者与容器壁相撞。然后再加热，直至最终达到核聚变反应的条件。只要有足够的核发生聚变反应，释放的能量就能保证核聚变的持续进行，这时就只需要适时的添加核原料即可。在这一过程中，对核原料加热和约束是关键。目前，加热的方式有三种：欧姆电流加热、中性注入加热和射频波加热。三种方式的原理各不相同，加热的效果也有差异，实际的操作中都采用多方式分阶段对核原料进行加热，这样取得的加热效果最好。

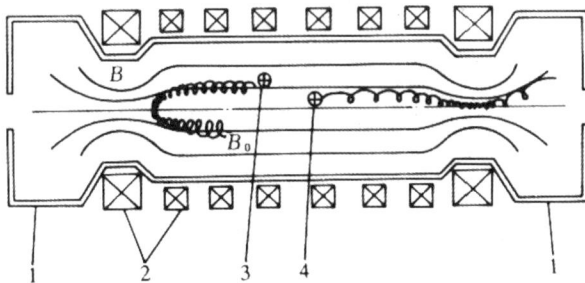

图3－2 双磁镜约束系统
1. 真空管 2. 通电导线
3. 约束在管内的离子 4. 逸出管外的离子

磁场的约束形态有两种最基本的形式。第一种是直线型的约束系统，在一个长的圆筒真空管壁上绕上导线，通上直流电，让两端流过的电流大于管子中段流过的电流。真空管内中段磁场分布是匀强磁场，两端的磁场强度大于中间部分并且磁力线不再是平直状态而是发生了弯曲。根据磁场中带电粒子的运动规律，沿磁力线运动的粒子在接近端口时有可能被加强了的磁场反射回来，就像镜子一样。因此这种约束又称为磁镜约束，如图3－2所示。在这种情况下，有的粒子因不满足约束条件就会沿着磁力线逃逸出去，造成管内核燃料的缺乏，从而影响核聚变的产生。针对这一情况，人们做了新的设计，把真空管的两端连接起来，构

▷ 欧洲研制的新一代核聚变试验装置NET的结构图

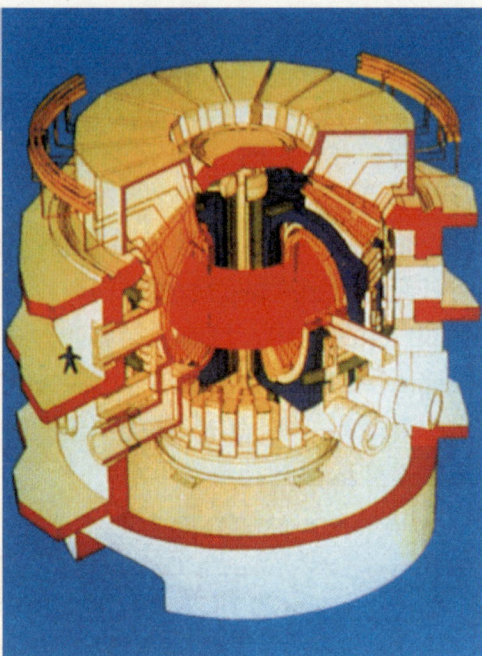

▽ 核聚变发电示意图

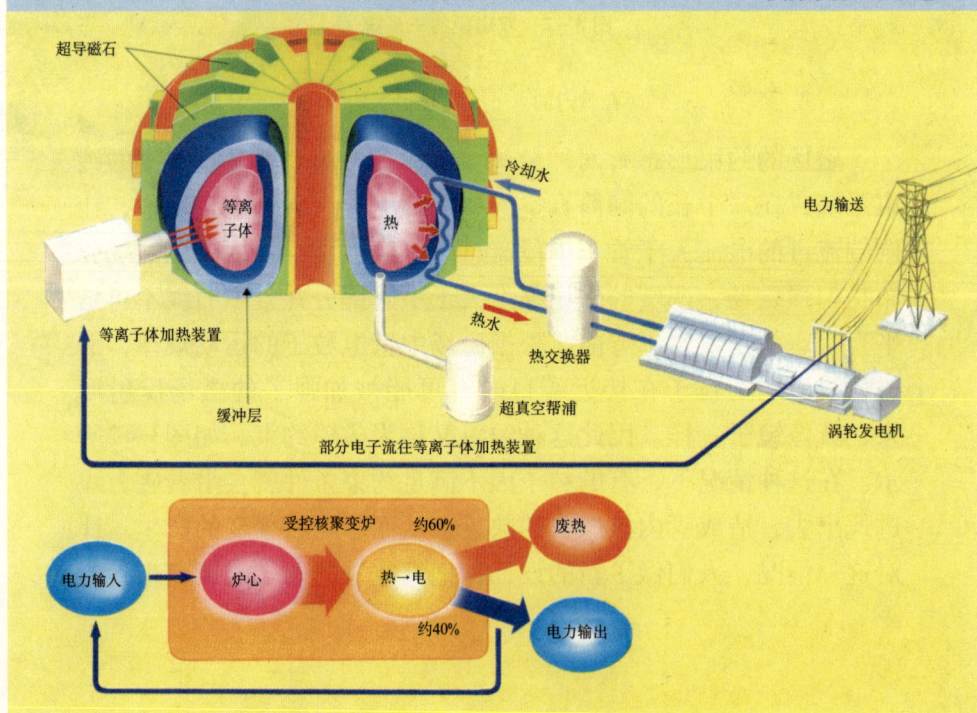

超导磁石

等离子体

热

冷却水

等离子体加热装置

缓冲层

热水

热交换器

超真空帮浦

部分电子流往等离子体加热装置

电力输送

涡轮发电机

受控核聚变炉　约60%

废热

电力输入

炉心

热→电

约40%

电力输出

成一个环形，这就是另外一种约束形态——环形约束（见图3－3）。环形约束避免了核原料沿磁力线的逃逸，可是却产生了新的情况——带电粒子在环形磁场中运动时会发生垂直于磁力线的漂移，这样粒子在高速运动中会撞到容器壁上，同样影响核聚变的发生。更有甚者，由于带电粒子的温度极高，有可能烧坏仪器。

不过，人们已经找到了各种克服困难的办法。前苏联的"托克马克装置"、美国的"仿星器"和中国的"环流器"都是大型的磁约束装置。1991年，欧洲的一个环形实验装置首次成功地实现了热核聚变反应，它使人们看到了希望的曙光。

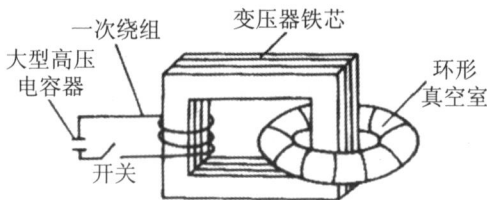

图3－3　环形可控热核装置示意

二、微型"氢弹"——惯性约束核聚变

惯性约束核聚变又称靶丸聚变，实质上相当于一枚微型的核爆炸。其原理是利用高能脉冲照射靶丸的外壳，靶丸外壳因急剧吸收辐射能量而迅速消融并向外高速喷射，从而产生强大的反作用力将靶丸内核——氘或氚向核心爆聚，在极短的时间内达到核聚变的条件，发生聚变反应，放出能量。

实现惯性约束核聚变需要高能驱动器产生高能量的脉冲辐射，驱动器一般由大功率激光器充任。由美国建造的"NOVA"超大型钕玻璃激光器是当今世界上最大的驱动器，瞬时功率可达100TW。另外，靶丸的制造也是惯性约束核聚变的关键因素，靶

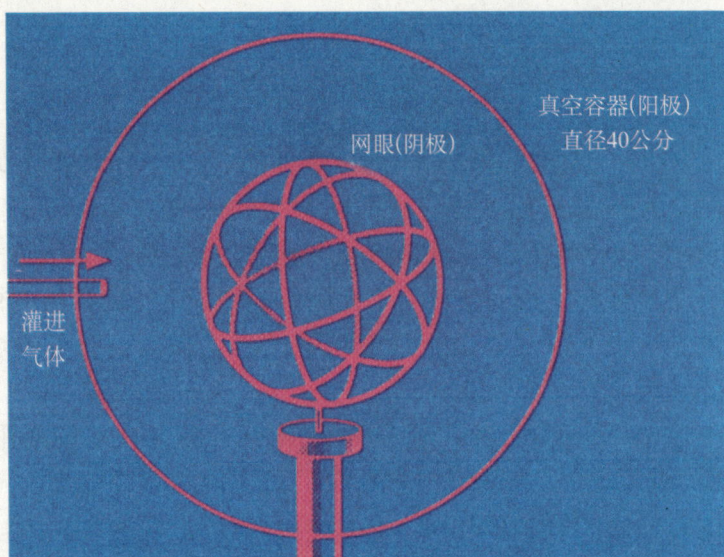

真空容器(阳极)
直径40公分

网眼(阴极)

灌进气体

△ 正在研究中的一种能实现核聚变的简易装置。装置所灌进的气体是氘或氘与氚的混合物，该装置可使这些气体发电而发生核聚变反应

▽ 简易核聚变装置辐射核聚变时的照片

丸的核由氘－氚混合燃料构成，外壳则由要求极高的特殊材料制成。

从现阶段的研究进展来看，磁约束热核聚变已经实现输入能量与输出能量相当，而惯性约束还未做到这一步。因此，利用

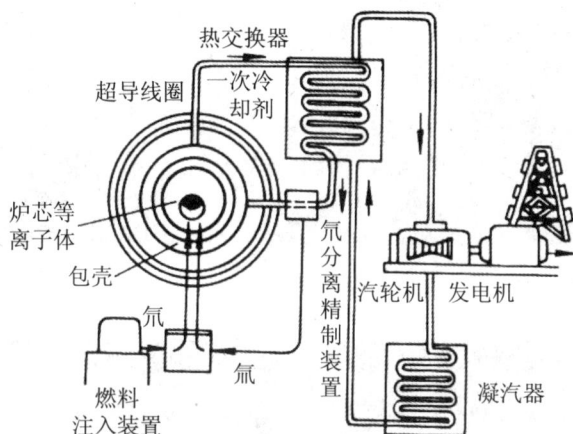

图 3－4　设想中的核聚变发电厂

核聚变能量发电可能在磁约束热核聚变上率先取得突破。

2006 年，国际热核计划正式启动，计划在 2025 年建造一座示范电厂，在 2040 年建造一座商业性核聚变发电厂（见图 3－4），但这并不是最终的目标。人们已经在设想把核聚变反应装置小型化、高效率化，作为新一代汽车、火车的驱动装置，那时人们的生活将发生翻天覆地的变化。我们相信，这一天的到来已经不再遥不可及。

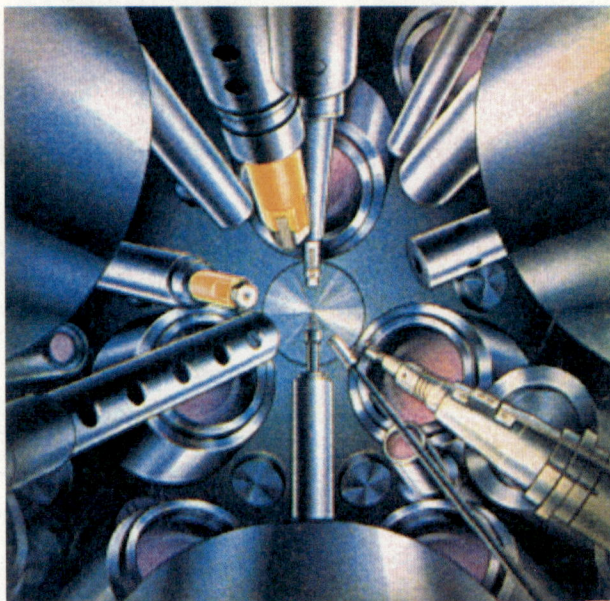

△ 激光核聚变装置构造示意图

△ 英国曼彻斯特大学的激光核聚变装置

第二节　核成像技术：
打开黑箱的钥匙

核成像技术是一门集核技术、电子技术、计算机技术于一身的现代尖端技术。出现最早也最为人所熟知的核成像技术是 X 射线成像技术。它产生于 20 世纪 70 年代，以 X 射线拍片为基础，结合了计算机图像重建技术，目前已经得到广泛的应用。

进入 20 世纪 80 年代，又先后出现了核磁共振成像技术、电子成像技术和穆斯堡尔成像技术。它们都能够对物体作无损伤探测，是探测某些不可打开的"黑箱"的有力武器。核磁共振技术能够给出人体分子结构和生化病理的有关信息，打破了 X 射线成像技术只能提供有关组织的断层解剖结构信息的局限；而正电子成像技术则更进一步，能够分析动态的生化传递过程，用它能够研究人脑神经的化学传递，把大脑的解剖结构与人的思维功能联系起来；穆斯堡尔成像技术在 1987 年才被人提出来，它的分辨率能够达到微米量级的水平，它也将是研究"黑箱"物体的得力工具。

由于价格的高昂和技术手段的复杂，正电子成像技术和穆斯堡尔成像技术使用的范围非常狭窄。核磁共振成像技术虽然也代价不菲，但已经进入了批量生产阶段，以下就主要介绍核磁共振成像技术。

核磁共振成像是核磁共振技术与图像重建技术的结晶。我们知道，原子核在自旋的同时会绕自转轴进动。当有一外加磁场时，原子核因自旋磁矩而受到了磁场的作用，进动频率会变得与外加磁场一致，磁场越强，进动频率也就越大。此时入射一束射

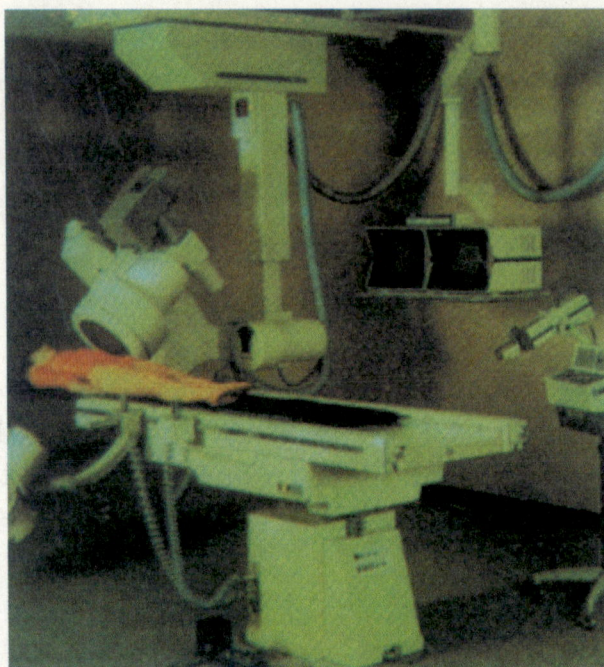

△ 图为核磁共振计算机断层照相装置

▽ 大型医用核磁共振成像仪

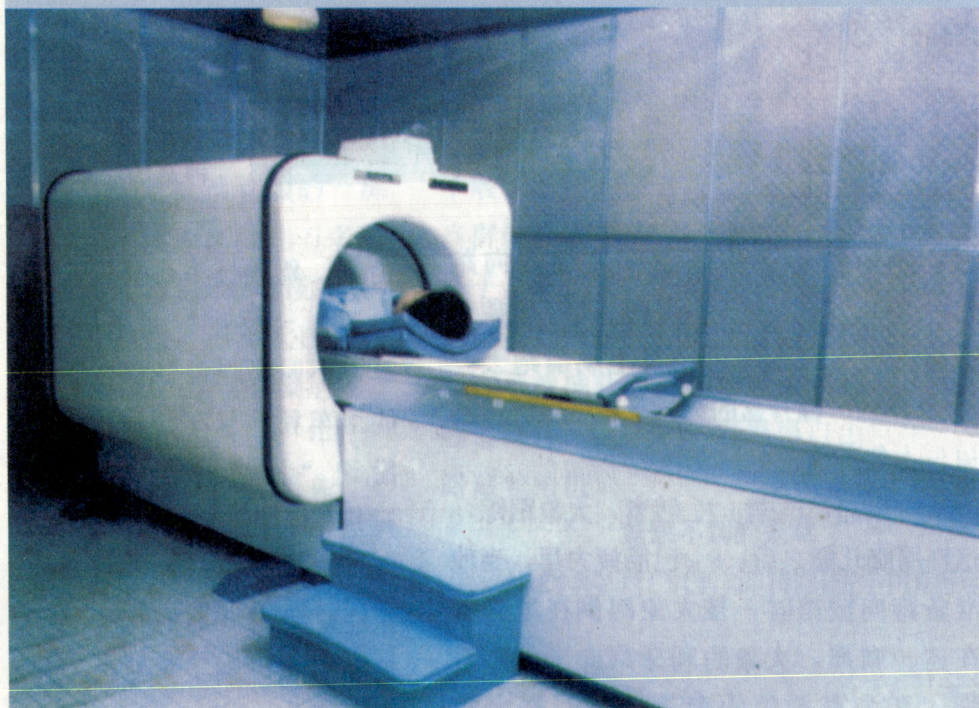

频波，当射频波的频率与原子核进动频率一致时，原子核吸收能量并改变运动状态。这就是核磁共振现象。射频波消失，原子核放出能量，恢复到以前的状态。这种能量产生微弱的电信号，由灵敏仪器捕捉之后，即可借助分析仪器，确定原子核的光谱图。由此可以确定原子核的种类和结合情况，推断某化合物的精细结构，这就是核磁共振技术的基本原理（参见图3-5）。由于核磁共振的频率分布反映着原子核的频率分布，把所得信息输入计算机，在一系列复杂的计算之后，计算机就能重现原来的图像。

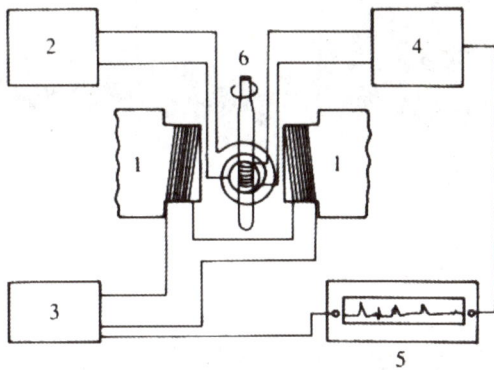

图3-5 核磁共振光谱仪示意
1-磁铁；2-射频振荡器；3-扫描发生器；
4-检测器；5-记录器；6-样品管

核磁共振成像是非常有效的诊断工具。它的分辨率可以达到0.7~2毫米，足以诊断早期肿瘤。同时，还能够对脑、脊髓、肾、心脏等重要器官进行成像检查，效果十分显著。核磁共振成像的缺点是成像速度慢，价格也比较高。随着技术的不断进步，它会越来越成为诊断人体疾病的好帮手。

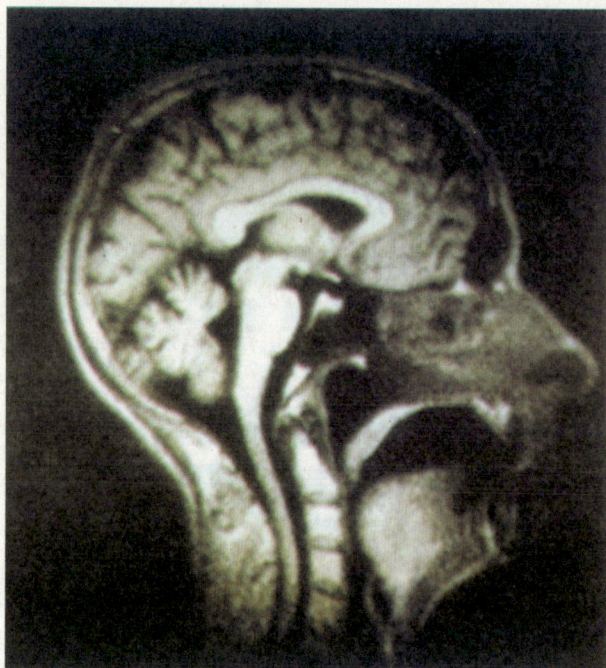

△ 人的头颈部的核磁共振照片

▽ 医生正在分析核磁共振照片

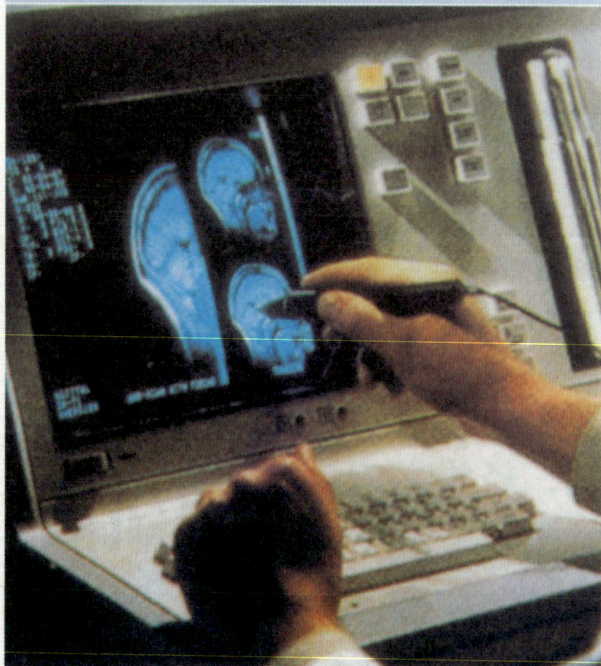

第三节 核元素分析技术：
从大海中把针捞起来

当今的核元素分析手段是一种高灵敏度、高准确度的元素分析技术，已经成熟并得到广泛应用的是中子活化技术、粒子激发X射线分析技术、X荧光分析技术以及卢瑟福背散射分析技术等。而以带电粒子沟道效应为基础的核分析技术是核元素分析技术中的前沿。

中子活化技术的原理很简单：绝大部分元素的原子核在吸收中子之后都会被活化成为放射性原子核放出射线，不同元素放射出的谱线是不同的。因此在用中子轰击待测样品之后，通过测定样品射出的谱线，即可知道样品的成分和各成分的含量。中子活化技术非常灵敏，能够分析出小于百万分之一克的物质，对少数元素甚至可以分析到一万亿分之一克的量级。举一个简单例子说明这一点：一大杯水，放进一小颗食盐（$NaCl$），充分搅拌之后取一小部分此溶液进行中子活化分析也能够检测出 Na^+ 的含量。因此，中子活化分析技术在考古、材料、医学、环境、地质等科学上都得到成功的应用，是分析微量元素的有力武器。

粒子激发X射线分析技术与中子活化分析技术有异曲同工之妙，它借助于原子受激发射的特征X射线判定原子的种类和含量。因此，粒子激发X射线分析与中子活化分析的应用领域基本一致，只不过它能同时进行多元素分析而且所花时间很短。

卢瑟福背散射分析技术利用原子质量分布非均匀这一物理特征。由于原子核的体积仅占原子总体的几亿分之一，但却集中了原子约99%以上的质量，因此用粒子轰击靶原子时，碰到原子核的少量粒子会产生大角散射，所以由入射粒子散射后的能量就能够识别不同的靶原子。此外，靶原子处于不同的深度之内，不

△ 科学家正在用放射性碳14测定地球上物质的年代

△ 放射性同位素可以用于确定出土文物的年代

▽ 利用荧光原位杂交技术能够显示DNA探针在染色体上的位置

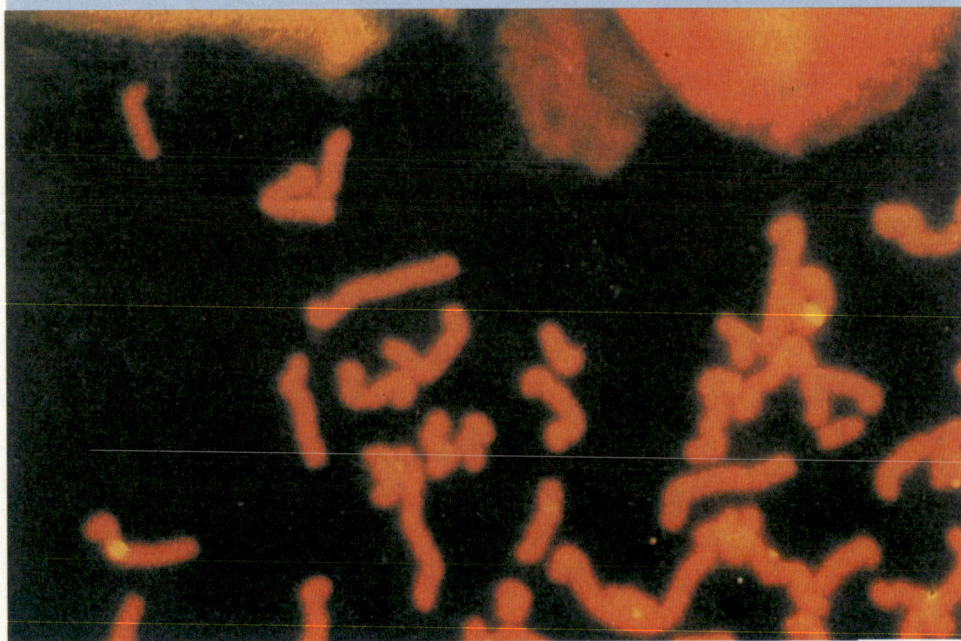

同深度散射回来的粒子能谱不相同，据此能够判定靶原子的深度分布信息。卢瑟福背散射技术在半导体制作中有重要作用，利用它能够掌握半导体中杂质的浓度和深度分布，这对控制半导体的质量和性能举足轻重。卢瑟福背散射技术也能够在其他领域中得到运用，如材料、考占等。

以沟道效应为应用基础的分析技术目前已经得到应用，它能够弥补卢瑟福背散射技术不能对轻元素材料进行深度分析的缺点，随着它的机理和过程得到进一步研究，它的运用会更加的广泛。

总的来说，现代核元素分析技术的发展趋势是取长补短、优势互补，即是多种分析技术的结合共用，以便能够更快、更好地满足人们的需要。

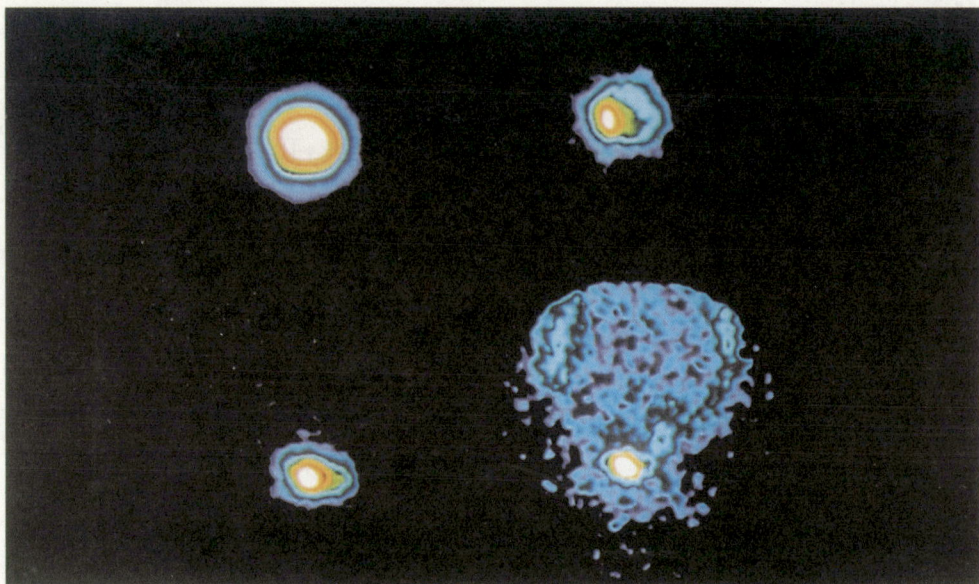

△ 膀胱癌患者灌注^{99m}Te标记的抗膀胱癌单克隆抗体后获得的放射免疫显像

▽ 膀胱癌患者灌注^{131}I标记的抗膀胱癌单克隆抗体后获得的肿瘤影像

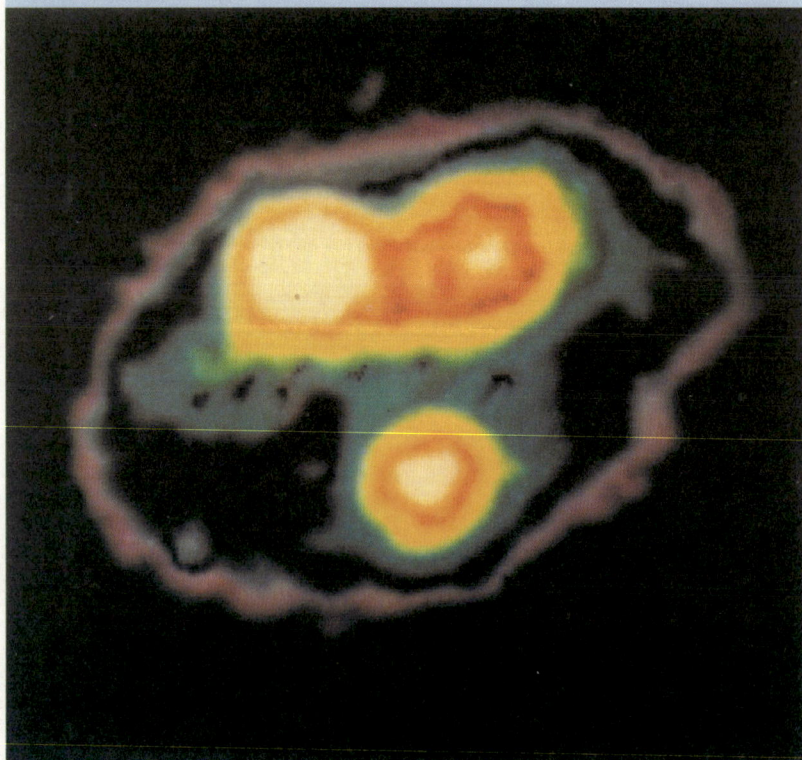

第四章　纳米科学技术：
迈入微乎其微的世界

　　永无止境地追求是人类认识自然的本性。在人们不满足于对宏观的认识和控制时，对微观世界的探索就成为自然而然的事情，因此，纳米科学技术的产生也就顺理成章了。

　　所谓纳米科学，是人们研究纳米尺度——即 100 纳米至 0.1 纳米范围之内的物质所具有的特异现象和特异功能的科学，而纳米技术则是指此基础之上制造新材料、研究新工艺的方法和手段。纳米科学技术不是某一学科的延伸，也不是某一工艺革新的产物，而是基础理论学科与当代高新技术的结晶。它以物理、化学的微观研究理论为基础，以当代精密仪器和先进的分析技术为手段，是一个内容广阔的多学科群。按照目前的研究领域，大致可以分为纳米材料学、纳米电子学、纳米生物学、纳米制造、纳米光学等等。而其中的每一门又都是跨学科的边缘科学。

　　纳米科学技术正式"开宗立派"是在 1990 年。这一年，美国成功地举行了第一届纳米科技大会，并且正式创办了《纳米技术》杂志。虽然纳米科学技术出现的时间不长，但是它带来的冲击是明显的，越来越多的科学家相信，这门新兴的学问将带来一轮新的革命，人们将会迈进一个奇妙的世界。

　　本章将向读者介绍纳米材料学、纳米电子学、纳米生物学的有关知识和最新进展，同时也将与读者朋友们一起探讨纳米科学技术的应用前景。

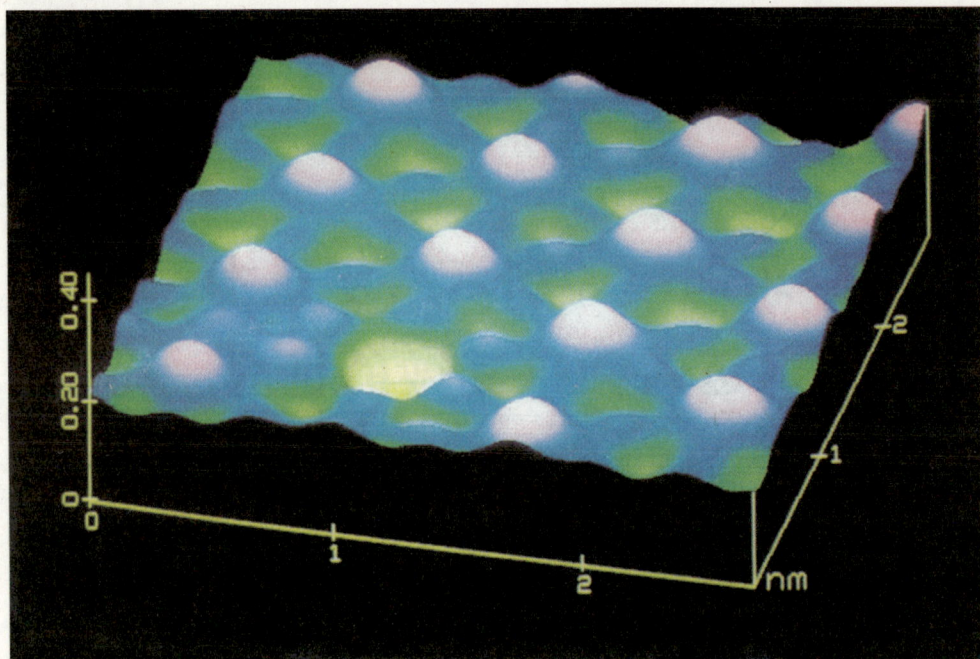

△ 纳米尺度下铂表面碘原子的排列

▽ 质粒DNA的原子力显微镜（AFM）图像

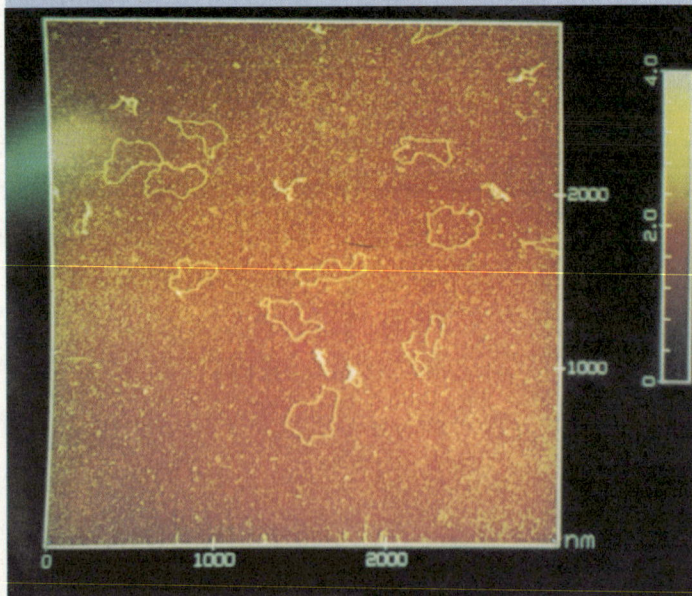

第一节　纳米材料：未来世界之砖

利用现代技术制出第一块纳米材料的是德国著名学者格莱特。他于 1984 年把 6 纳米的金属粉末压制成纳米块，并且详细研究它的内部结构，指出了它的界面奇异结构和特异性功能，开纳米材料学之先河。至今，纳米材料学已经成为纳米科学技术中较为成熟的领域之一。

所谓纳米材料是指由纳米颗粒构成的固体材料，其中纳米颗粒的尺寸最多不超过 100 纳米，在通常情况下，应不超过 10 纳米。大家都知道，原子的半径在 10^{-10} 米这一量级，而 1 纳米等于 10^{-9} 米，因此在纳米量级内，物质颗粒的尺度已经很接近原子的大小。这时候，量子效应就已经开始影响到物质的性能和结构。由纳米颗粒最后制成的材料与普通材料相比，在机械强度、磁、光、声、热等方面都有很大的不同。由于这些不同，我们便有可能制造出性能优良的各种特殊材料。

纳米铁材料（由 6 纳米的铁晶体压制而成）较之普通钢铁强度提高 12 倍，硬度提高 2 ~ 3 个数量级。能够用它制成高强度、高韧性的特殊钢材。有趣的是，纳米金属块在低温下甚至会失去导体的能力，听起来有些像天方夜谭。而随着纳米颗粒尺寸的减少，纳米材料的熔点会随着降低，举个例说，金的熔点在一般情况下是 1 064℃，加工成 10 纳米左右的粉末之后，熔点降至940℃，如果将其进一步加工至 2 纳米左右，金在 33℃就能够被熔化。这个性质对于我们人类来说是相当有用的，对某些高熔点难以加工成形的陶瓷，只要用其他方法加工成纳米粉末，便只需用很低的温度即可将其熔化并烧结成耐高温的元件。这对研制新一代高速发动机来说是一个福音，因为要提高发动机的效率需要提高燃气的温度，而这就需要能承受更高温的材料。

▷ 量子栅的STM图像

◁ SiO_2/聚苯乙烯
纳米复合透明材料

▷ SiO_2/聚苯乙烯纳
米复合透明材料的
AFM照片

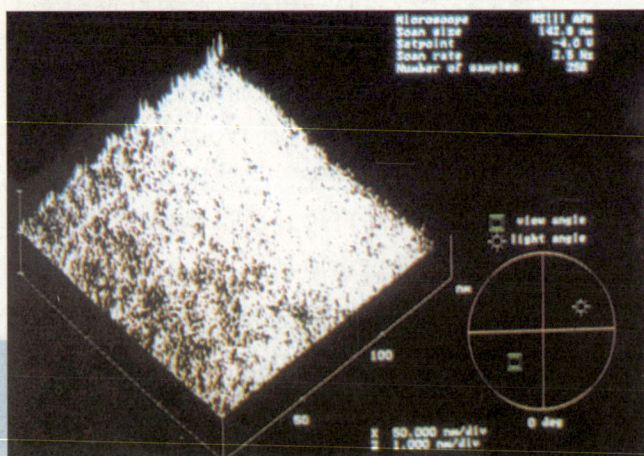

　　纳米材料中的一大类是纳米陶瓷。普通陶瓷具有高强度，但却没有足够的韧性。而纳米陶瓷则很好地解决了这一问题，在适当的条件下，纳米陶瓷甚至能够具有超塑性质。这大大拓宽了陶瓷的应用领域。

　　纳米材料是由众多尺度很小的微粒构成的，因此表面积大大增加，表面结构也发生较大的变化。所以与表面状态有关的吸附、催化以及扩散等物理化学性质，纳米材料与宏观材料也有显著的区别。纳米材料的表面积大，表面活性强，在催化领域中前景良好。在火箭燃料中添加少量的镍粉便能成倍地提高燃烧的效率。

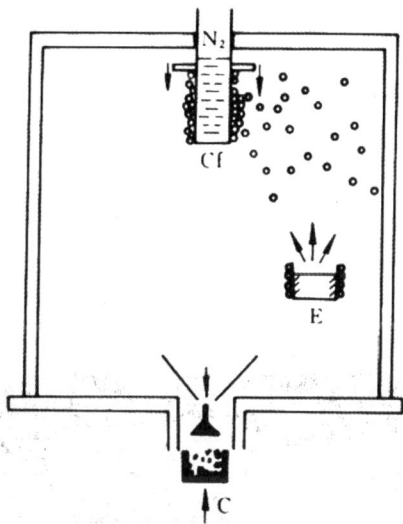

图 4-1　产生纳米材料的装置示意
Cf 是冷凝管，E 是蒸发皿，C 是压缩装置。

　　目前纳米材料的制备方法不少于 30 种，但是每种方法都有其自身的缺陷，不能得到广泛的推广。最常见的方法是惰性气体凝聚技术。制作过程大致如下：将金属原材料置于一个电加热的蒸发皿中，之后将蒸发皿置于充满惰性气体的密闭容器内加热蒸

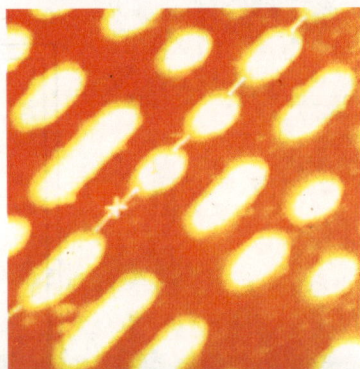

▷ 碳纳米管的石墨须由数个石墨原子层构成，相邻原子层间距约为0.34纳米

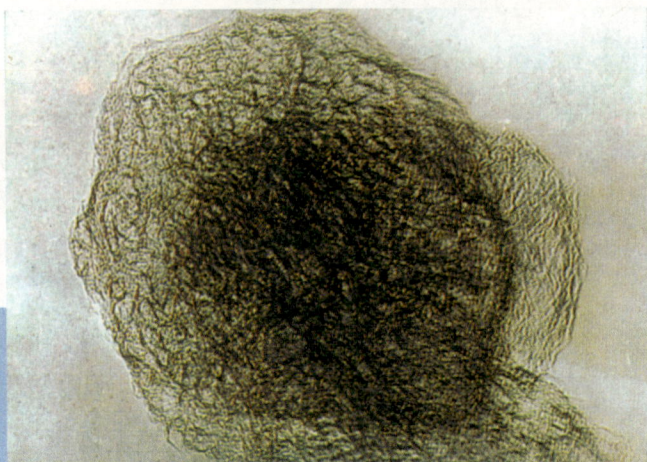

▷▽ 激光唱片的AFM图像

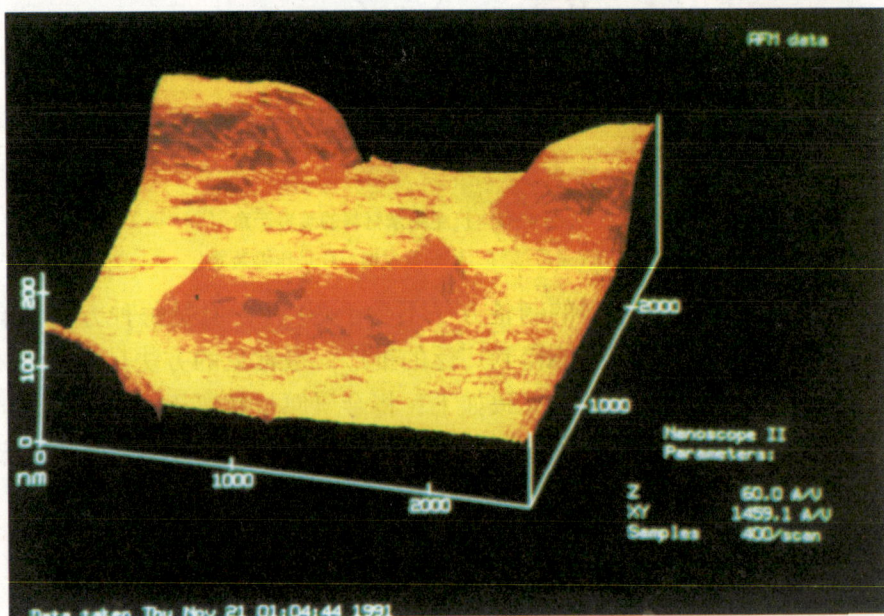

发。在蒸发皿的上部设置一冷凝系统，令受热蒸发的金属原子（团）在冷凝器外壁沉积下来。待蒸发冷凝完毕，抽走惰性气体，在真空状态下把冷凝器上的金属微粒刮下并压制成块，即成固体材料。图4-1是Fe纳米材料装置示意图，图中上方冷凝器内使用的是液氮（约-196℃）。纳米材料制备的研究热点是如何提高制备的速度和效率，降低成本，让纳米材料时代加速来临。综合各种工艺的优点，减少工艺流程的环节和复杂程序是其中的关键。

第二节　纳米电子学：未来世界之骄子

纳米电子学是微电子技术向纵深发展的直接结果。现代集成电路的生产使用的是一种叫做平面处理的工艺过程。由于这种方法需要用可见光光波先在抹有光刻胶的基片上进行曝光，所以这种方法的分辨率受到可见光波长的限制。分辨率越高，集成器件的密度越大，集成电路的功能也就越强。目前，最好的光波刻蚀机已经接近最高分辨率，也就是大约0.12微米。因此，如果在制作工艺上没有重大的突破，集成电路即将走向历史的终点。纳米电子学就在这一背景之下诞生。

纳米电子学的主题有两个：一是开发具有纳米量级分辨率的工艺以取代现有集成电路生产工艺；二是研究纳米器件的运行规律，因为在纳米尺度上，经典电子器件运行的理论基础已不再适用，必须考虑量子效应的影响，建立新的理论，为新一代计算机的实现打下基础。

已经有多种方案能够代替现有的集成电路工艺。电子束曝光机与平面工艺的结合是新方案之一，在理论上，这种方法所能达到的最高分辨率是1纳米。同样，也可以采用离子束曝光机和X射线曝光机代替电子束曝光机，结果都大同小异。而扫描隧道显

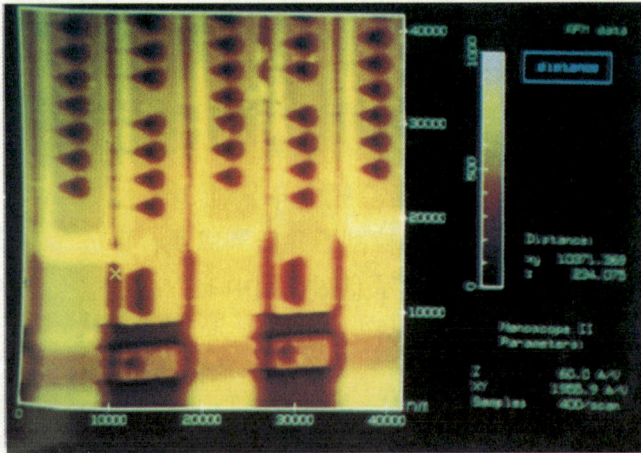

◁ 大规模集成电路的AFM图像

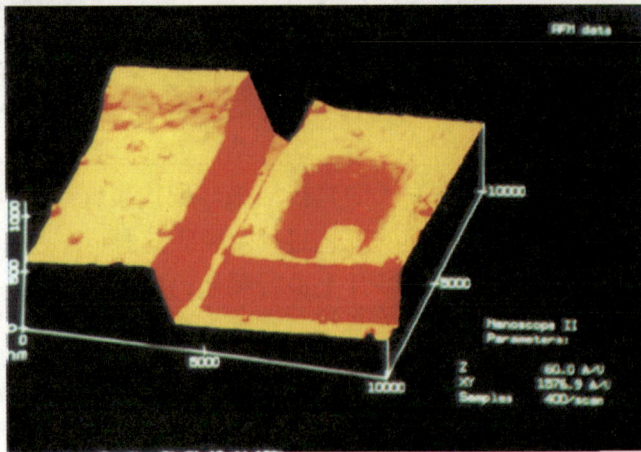

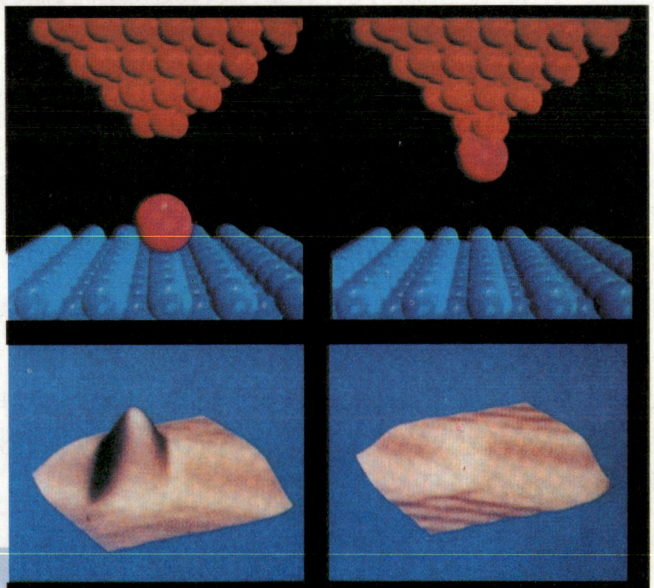

▷ 单原子开关

微技术则具有以上的方法无法达到的分辨率，它能够移动单个的原子。但是采用这种方法在目前是不可能的，一来技术复杂，代价昂贵，二来速度太慢，无法实现规模生产。

建立新的纳米器件运行规律也有所进展。单电子效应是其中之一。单电子效应的结构如图 4－2 所示，根据物理学规律，一个电子跃迁至金属岛上需要 $e^2/2C$ 的能量，其中 e 是电子的电量，C 是金属岛的电容，而对于很小的金属岛来说，C 是极小的量，因此 $e^2/2C$ 就变得较大。所以，当一个电子跃至金属岛上之后，金属岛的纳米能级就被大大提高，使得别的电子不能再跃至这一岛上，直至这一电子跃迁至它处为止。于是，通过所加电压的变化，就能实现对单个电子的控制，据此便能制造单电子晶体管和其他复杂的单电子逻辑器件。它们是新一代量子计算机的基础。单电子效应只有在小尺度的器件上才能观察到，而且随着尺度的减小，它能够出现的温度也就相应升高，2 纳米尺度下的金属岛在室温下已经观察到单电子效应。

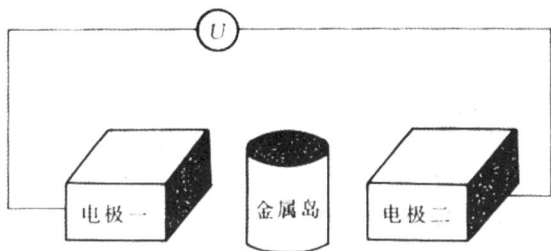

图 4－2　单电子效应的结构

新一代计算机的研制关系到国家的竞争力，因此西方国家对这一领域都投入了大量资金，其中以日本为最，不仅政府有投资项目，许多著名的大公司也纷纷跻身此领域，欲在未来的市场占有一席之地。东芝公司已经率先取得量子器件的初步集成化，大规模集成器件正在研制之中。如果纳米科学技术能够开创一场新的革命的话，可以预见，纳米电子学必将成为新革命的弄潮儿。

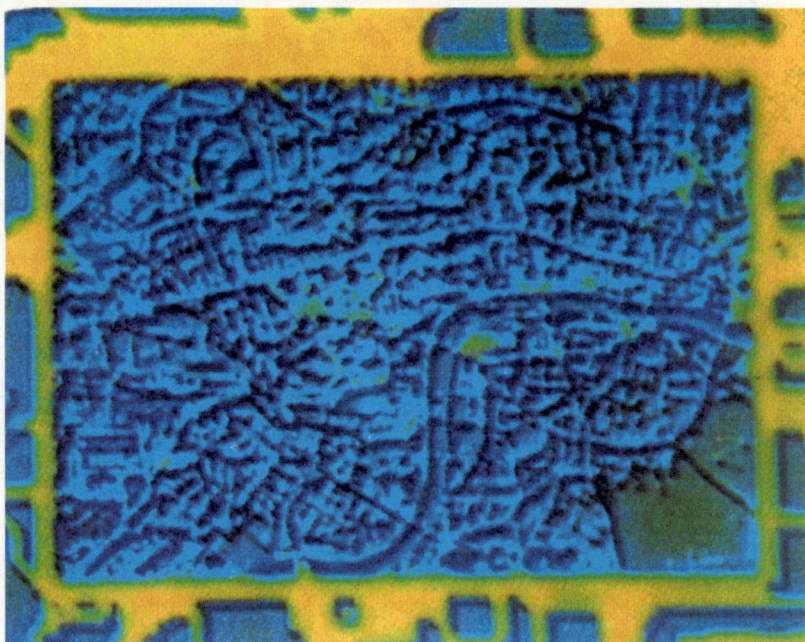

△ 运用纳米技术在0.06毫米×0.04毫米的硅晶片上绘制的伦敦市区图

▽ 用分子排布的小人

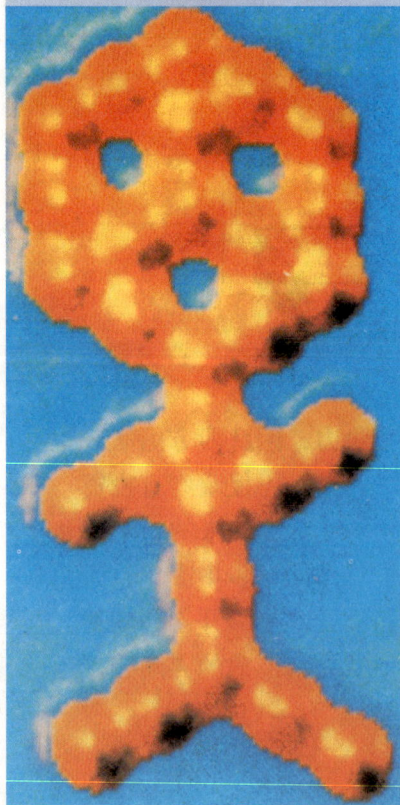

▽ 运用纳米技术在100纳米见方的面积上绘制的一幅爱因斯坦头像

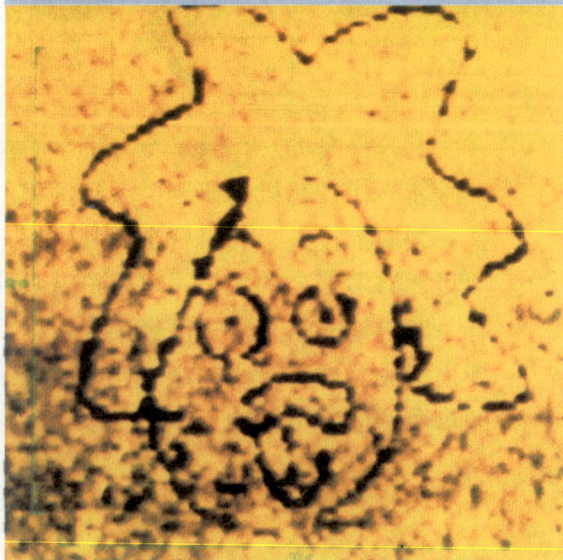

第三节　纳米生物学：小的是美好的

纳米生物学研究纳米尺度上的生命现象，并根据生物学的原理发展分子工程，包括纳米机器人和纳米信息处理系统。

生物学在 20 世纪的发展趋势是在分子水平上了解生命现象，而生物大分子——蛋白质和核酸的几何尺度属纳米量级，传统的方法已经无法有效地对其进行精细结构分析和加工。一旦纳米传感器成为现实，这个难题就能迎刃而解。通过纳米传感器，甚至可以在不干扰活细胞正常生理过程的情况下，获取有关分子的动态信息，深化人们对它的认识，从而解开众多生命之谜。

建造纳米机器人，需要清楚蛋白质的结构与功能的关系，需要有操纵分子器件的技术能力，这都需要纳米技术的进一步发展。纳米机器人的构想是以酶为控制中枢，各种功能分子作为机械手，构成一种能完成特定功能的生物机器。或者把纳米机械和生物大分子有机地结合在一起，植入纳米电子器件，作为控制中心，通过传感器，人为地操纵这种生物—非生物的结合体。纳米机器人的诱人应用是将这些功能微型机器人注入人体血管内，进行全身健康检查和治疗，到那时，脑血栓、心肌梗死等疾病将不再成为威胁人类生命的"杀手"。

纳米信息处理系统与纳米机器人的共同之处是两者都需要功能各异的分子器件，不同之点在于纳米信息处理系统要复杂得多，功能也要强大得多。利用生物手段构建的纳米信息处理系统依靠分子器件的物理和化学作用，完成信息的检测、处理、传输和存储。这种系统与计算机系统比较起来，更具有生命的特征，而不纯粹是冷冰冰的钢铁和硅片，要是愿意的话，我们甚至可以给它"穿上"像人一样的"皮肤"。

纳米生物学的发展，向我们展开了一个奇妙的世界，在这个

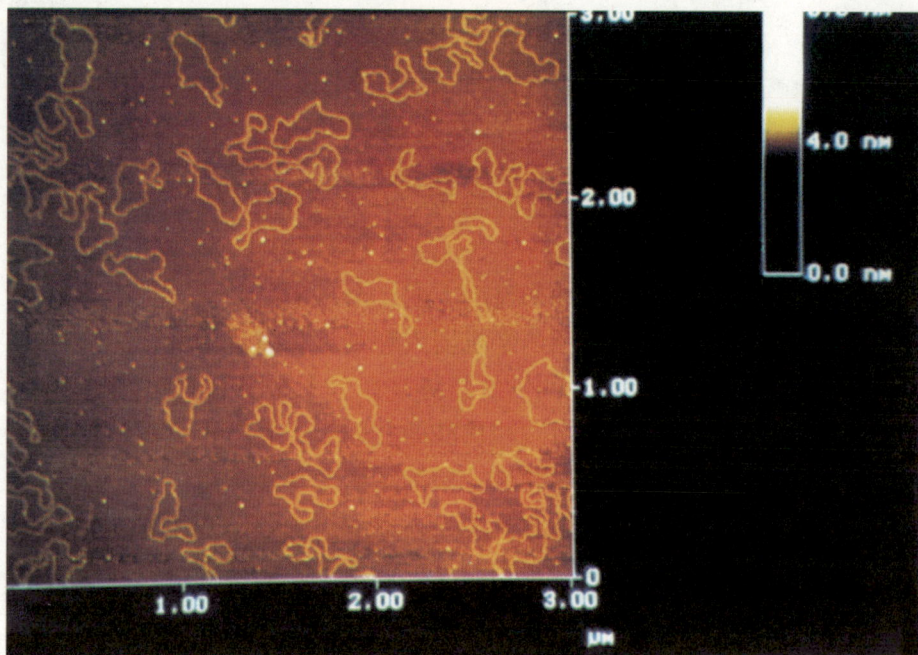

△ 质粒DNA及与限制性内切酶作用后的AFM图像

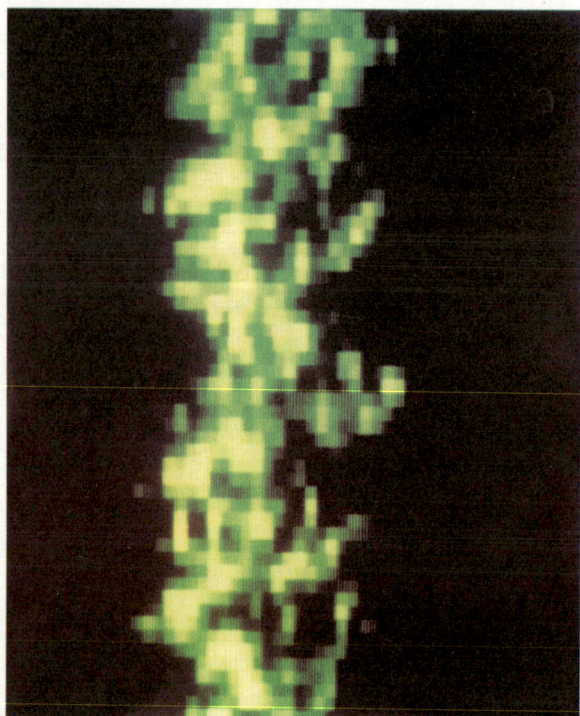

◁ DNA双螺旋结构的扫描隧道显微镜（STM）图像

新世界到来之前，你是否设想过有一天你的体内会布满各种人造的"爬虫"？你的身边可能出现一个和你相差不大但却是机器的仆人？你是否已经做好了必要的思想准备？

　　纳米科学技术的范围远远超出上述的三个领域，由于正在形成之中，一些新的学科很难叫出名字，有待于全面的发展定型之后才能作出决断。同时，又不断有新的发现和新的突破，将纳米科学技术的范围不断拓展。因此跟上时代步伐的唯一办法只有追随它一起跳动，要想全面、深刻地领会纳米科学技术以及它带来的震撼，只有更多地获取有关的信息和它在当前的进展，本章的目的仅仅在于为读者开启一扇小小的窗户。

▽ 纳米尺度下所见的被拉直的DNA链。（a）端点含内切酶　（b）端点不含内切酶

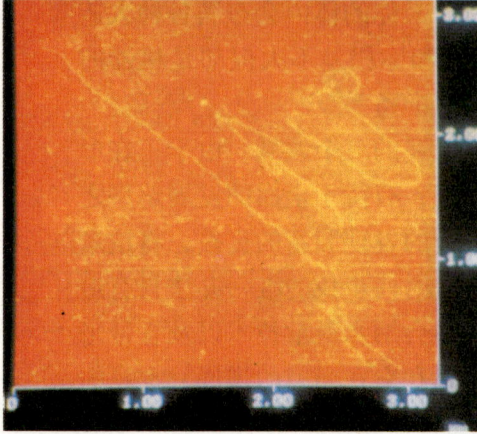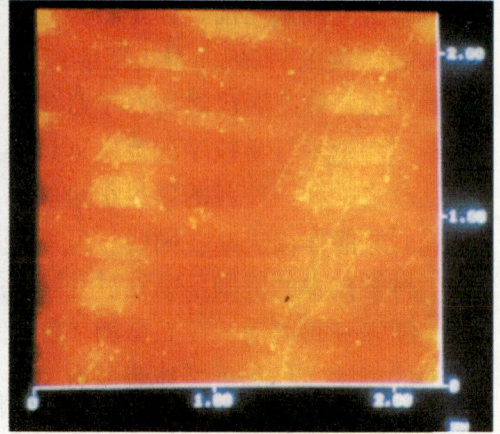

(a)　　　　　　　　　　　　　　　　(b)

▽ 染色体的纳米切割的AFM图像。（a）纳米切割前　（b）纳米切割后

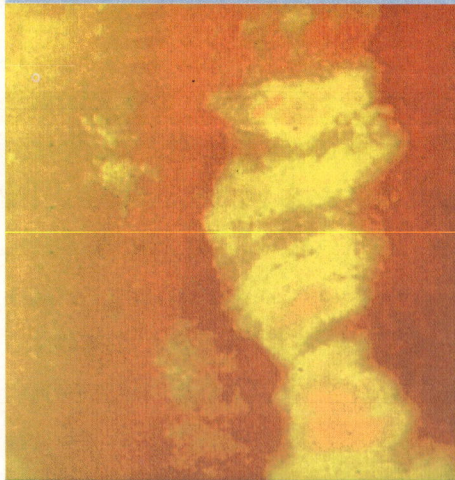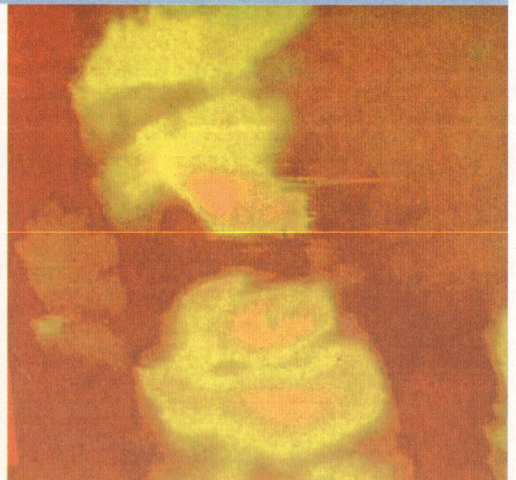

(a)　　　　　　　　　　　　　　　　(b)

第五章　激光科学技术：
新世纪之光

第一节　激光：一项应用性很强的技术

激光是 20 世纪的一个伟大发明。人们很早就开始研究光了。因为我们的生产和生活都离不开光，光是人类赖以生存的基本条件之一。但长久以来，人们对光的研究仅仅局限于照明、取暖、观察、成像等范围，直到 20 世纪 60 年代激光的出现，才使古老的光学焕发出勃勃生机。

激光也是光，它与普通光没有本质上的区别。但激光又是一种特殊的光，与普通光相比具有方向性好、单色性强、高亮度和优异的相干性等四个特点。正是基于上述四种优异的性能，激光得以渗透到当前的各类重大学科之中，不仅光学的发展又一次成了物理学的主流，而且使其他许多学科和行业受到革命性的影响。例如它带来化学动力学的精细研究，光合作用超快过程的研究和生物体的诱变和处理，许多医疗方法的革新，计量科学中长度米定义的改变和全新的大地测量法的建立，机械加工的改造等。利用选择激发的激光同位素分离可降低费用，一些国家已作为工业技术开发，对铀 235、铀 238 和钚 239 的激光分离已接近

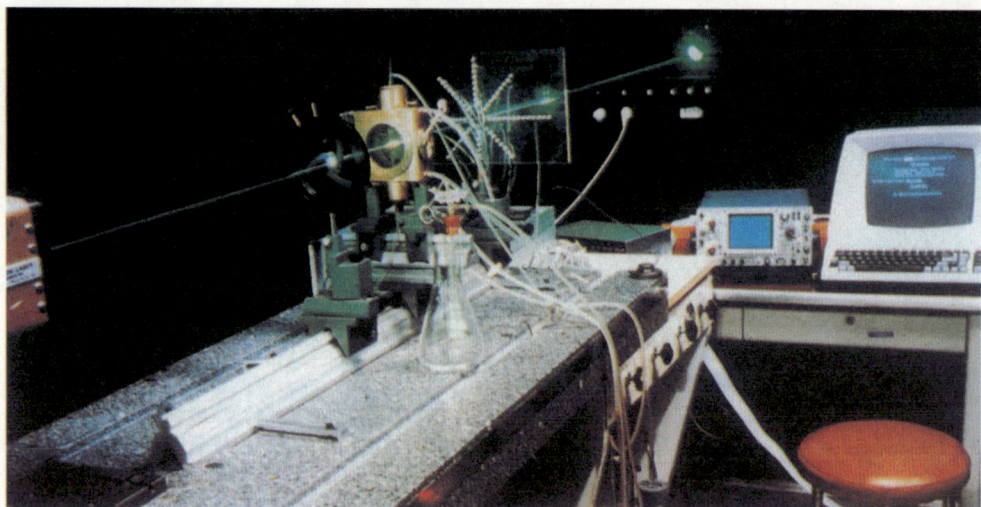

△ 科学家正在运用激光器做实验

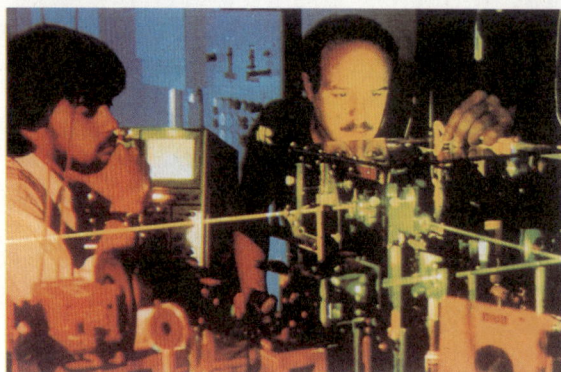

△ 激光的发明为人类开辟了一个全新的科技领域

▷ 在科学研究和军事领域具有重要价值的X射线激光器

生产阶段，其他的激光选择化学反应也正在进行研究。在生物体光化学方面，掌握光合作用机理和人工合成食物是人类梦寐以求的目标之一，而超短光脉冲在研究光合作用的过程中可能会有所作为。在高能物理技术方面，极强的聚焦激光的电场用于加速电子的方法前景诱人，因为用其他方法产生的电场要比激光电场低几个量级。

第二节 激光加工技术：奇妙的光束

激光加工技术始于 1963 年，是在工业生产中最早应用的激光技术之一。激光加工是指用高能激光束对金属或非金属材料进行加工，其工作机理大体可分为两类：一类是利用材料吸收激光能量产生的快速热效应进行的加工过程，如切割、焊接、打孔、刻槽、划片、成型以及表面热处理等（见图 5–1）；另一类是利用光化学反应和伴随的热效应进行的加工过程，如半导体工艺中

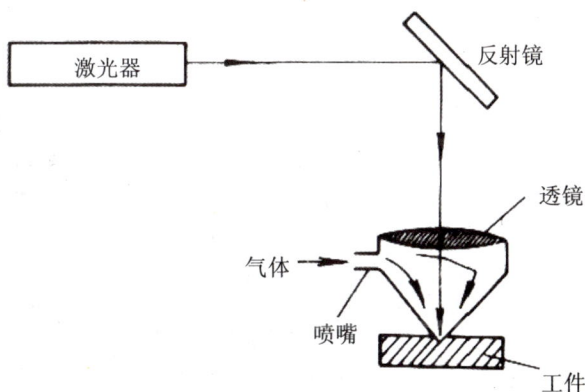

图 5–1 激光切割材料的装置示意

▷ 用于红旗轿车车体表面切割、焊接的大功率激光加工机床

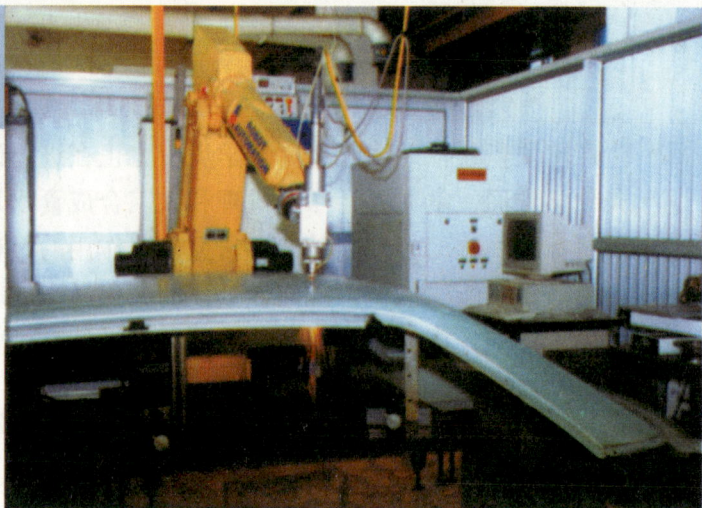

▷ 6000瓦CO_2激光加工机正在进行金属表面涂敷合金粉末的作业

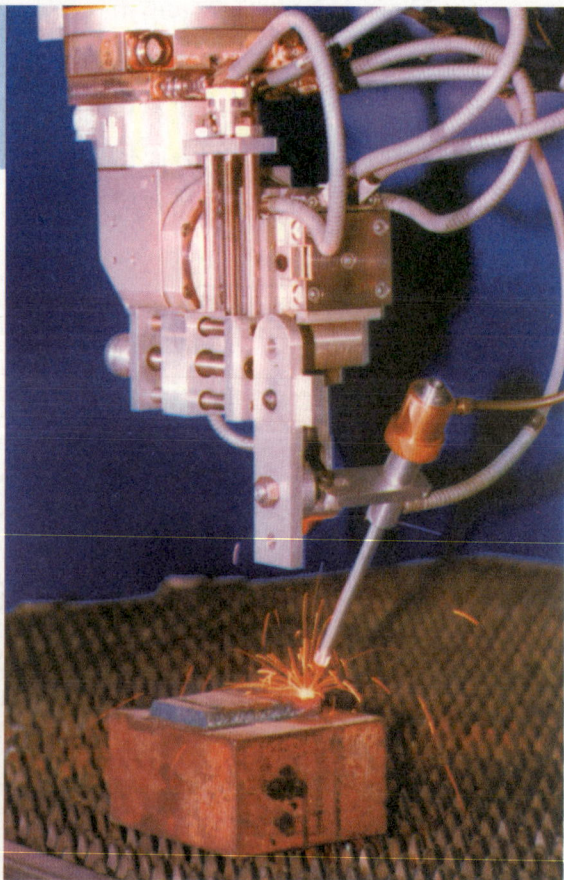

▽ 高能量密度的激光束在工业、医疗等领域有十分广阔的应用前景

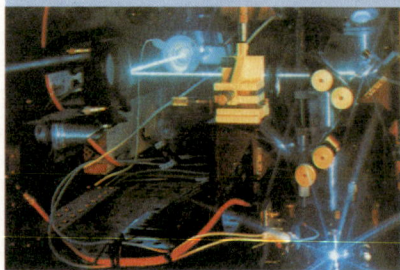

的光化学相沉积、激光刻蚀、掺杂和氧化等。后一类加工与前一类加工的差异在于激光的作用除了使被加工的材料加热、熔融、气化外，还促进了化学反应的发生和进行。

激光的特点决定了激光加工主要具有如下优点：

（1）激光束可聚集成一个非常小的强的光斑，这就使加工能达到高精度，而且加工件受热变形小。例如用于切割，可使切缝宽度很小。

（2）激光能量可无接触地到达工件，因而不像机械加工、气加工和电加工那样有高噪音和环境污染。

（3）激光在通过空气或许多其他气体时不会明显减弱，故可以在各种气体条件下进行工作，也可以在真空中进行加工，还可以对包有外壳的物体进行加工，只需包壳材料能够透过特定波长的激光。

（4）激光束与光导纤维结合易于导向，配上多维联动的精密机床，加上光电控制系统和电子计算机，适合于自动化生产和电视监控。

激光不但能够加工一般材料，而且很适宜加工极硬、极脆和熔点极高的材料。由于便于实现自动化，生产效率能大大提高，加之精度高、切口小，使原材料大大节约，因而激光加工比一般加工更为经济。目前，世界上各先进国家都在大力发展和推广激光加工技术，竞争十分激烈。该领域已由美国独家垄断转变为美日共同垄断，近年来由于西欧的崛起，又逐渐形成美、日、欧三足鼎立之势。中国的激光加工业已经开始起步，应用面也正在逐渐扩大。

▷ 日本生产的二氧化碳激光加工机

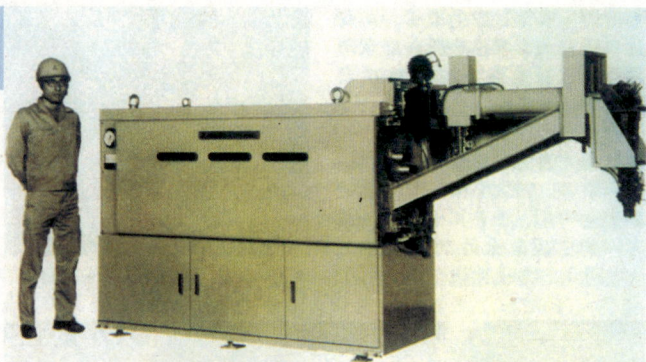

◁ 二氧化碳激光加工机正在钢板上按要求钻孔

▷ 中国研制的大型激光科学工程"神光Ⅱ"装置

第三节　激光存储技术：大有可为的新兴信息产业

激光存储技术是 20 世纪 70 年代发展起来的一种全新的记录信息的光电子技术，是光学、光电子学和计算机技术中十分重要的一个领域，是一种大有可为的新兴的信息产业之一。

激光存储技术源于激光相干性好的特点，可以将光束聚集到直径小于 1 微米的焦斑上，使处于焦点微小区域内的记录介质受高功率密度光的烧灼形成小孔，或产生其他改变介质物性的影响，光束若受要存储的信息的调制，那么介质将记录下相应的信息。因为记录介质的基片制作成圆盘形状，固又简称光盘。光盘有许多以往存储介质所不可比拟的优点：

（1）它有很高的存储信息密度。举例来说，如果按一页书 1 600 字计算，那么一张直径 30 厘米的光盘可以存 80 万页书。

（2）光盘存、取信息的速度很快，浏览一张光盘的目录只需 3 ~ 5 分钟。

（3）光盘保存信息时间长。与其他介质相比较，录音磁带为 5 年，软磁盘为 5 ~ 8 年，硬磁盘为 7 ~ 8 年，而光盘最少是 30 年。

第四节　激光通信技术：神奇的信息载体

激光通信就是采用激光作为信息载体的通信技术。比照人类以往的通信技术，激光通信具有以下四个显著特点。

一、信息容量大

通信容量的大小，通常是指一对电线（或电缆）上能通多

▷ 光盘所存储的大量信息可以任意地调用和处理

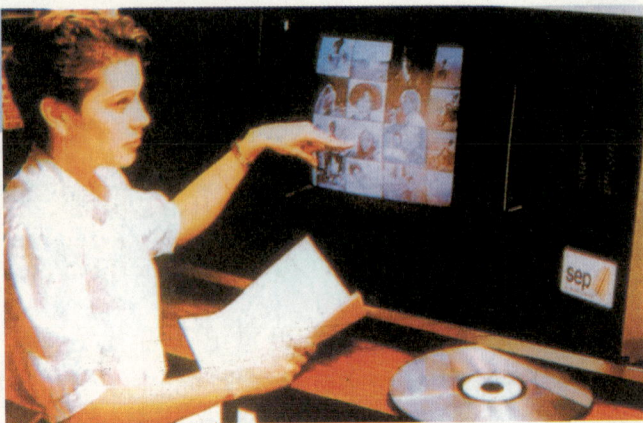

▽ 单面信息容量达4.7GB的DVD影碟

▽ 激光通信是以激光为载体的通信技术

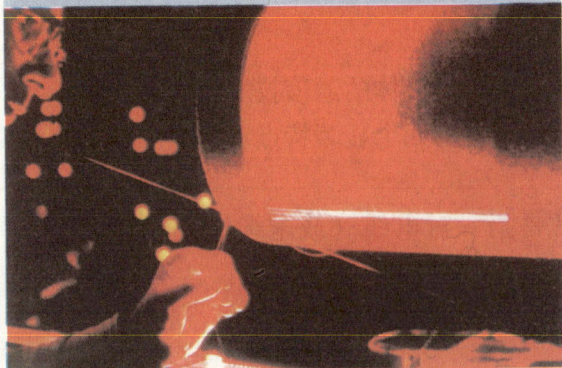

▽ 大信息容量光盘的出现使计算机存储技术发生了革命性变化

少路电话。激光可用的频率范围约为 $100 \times 10^5 \sim 10\ 000 \times 10^5$ 兆赫，比微波高 10 万~100 万倍。若每路电话频带宽度以 4 000 兆赫计，则一束激光可容纳 100 亿路电话。如果全球人口按 50 亿计算，则全世界的人同时利用一束激光通话还绰绰有余。

二、通信质量高

通信质量高的含义是指抗干扰性强，信噪比高，失真度小。激光通信能够有效地满足上述要求：通电话，声音清晰；传输数据，准确无误；传递图像，色彩逼真。

三、保密性能好

由于激光几乎是一束平行而准直的细线，在空间传播时发散角极小，加之激光大多是不可见的红外线激光，所以想截获激光是十分困难的。

四、原料足，价格低

目前民用领域的激光通信大都为光纤通信。制造光纤的原料是一种被称做二氧化硅的沙子，在地球上的储量十分丰富，同时光导纤维的用料非常少，因此，激光通讯十分经济。

同电波通信一样，激光通信实际上是将激光束作为载送信息的一种载波体，所以能够产生连续稳定而又符合一定频率要求的激光束，这就成了通信用激光器的基本标准。如果把激光束比做运送信号的传送带，调制器就好比一个装卸工人，要负责把经过编码分类后的话音信号放到激光束这条传送带上。同时，调制器按编码电信号的变化规律对不变的激光束进行调制，使光束随话音的变化而变化，即光束载上了话音信号成为光信号。在无线电通信中，信号的发射和接收都要靠天线，激光通信也不例外，只是缘于激光的频率太高，激光通信的天线都采用光学天线，即凸凹镜或抛物面反射镜。激光信号的接收恰恰是将发射的过程倒过来，就是发射天线变成了接收天线，原来放置激光器的位置改为光电探测器就行了。光电探测器也称光接收器。如同激光通信信

▷ 从光导纤维发出的光。光纤通信具有信息容量大、通信质量高、保密性能好等优点

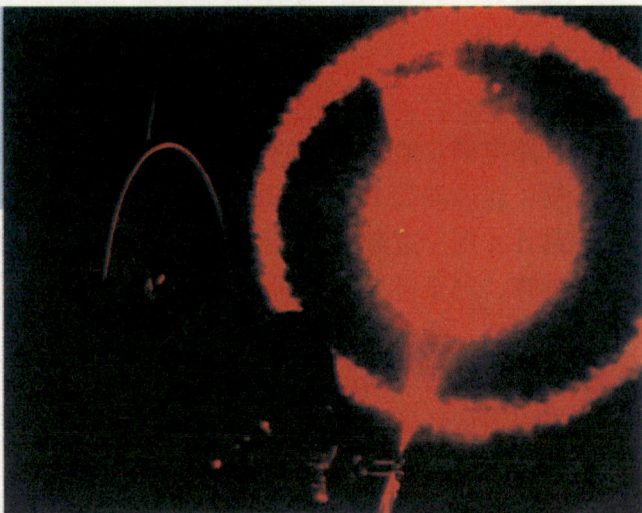

◁ 光导纤维的研究与开发已成为光通信技术研究的热点

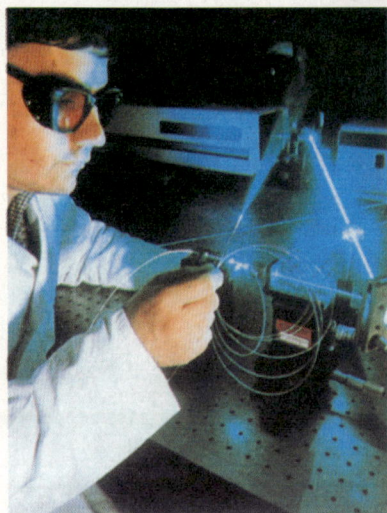

▽ 光信息处理机是实现激光通信的关键技术

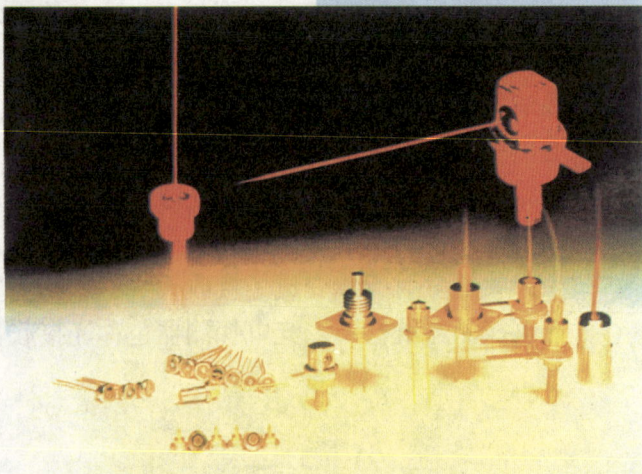

号在发射前有个编码和被调制的过程一样，在接收时，也要有一个解调和解码的过程，以除掉激光通信信号中的载频成分，还原成话音信号，并把话音信号进行放大后再送到受话器，这样，便完成了激光通信的全部过程（见图 5-2）。

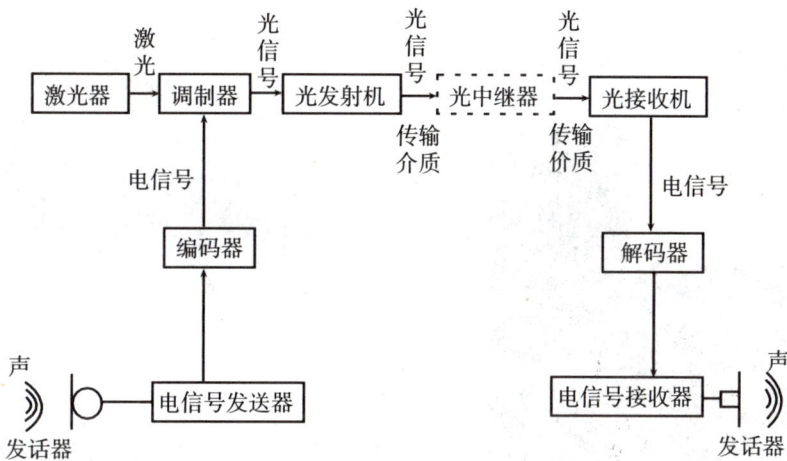

图5-2　激光通信原理方框

第五节　激光医学：一门崭新的应用学科

随着激光技术的发展，一门崭新的应用学科——激光医学应运而生。它包括用激光新技术去研究、诊断、预防和医治疾病，它解决了许多传统医学所不能够解决的难题。

一、激光在外科的应用

早在 20 世纪 60 年代末就有人成功地进行了人体肝脏激光无血外科手术。目前，在胸外科、心血管手术中都有应用激光的。在乳腺癌手术中，激光手术刀不仅适宜大块切除，还可以清扫分

▷ 在拉丝塔中拉制光纤的情形

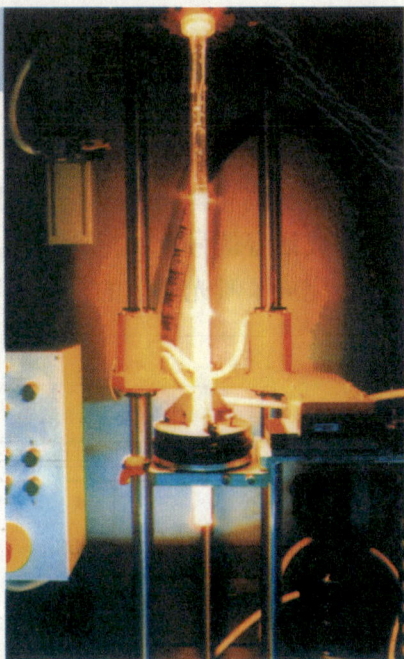

▽ 医生正在用激光束为患者动手术

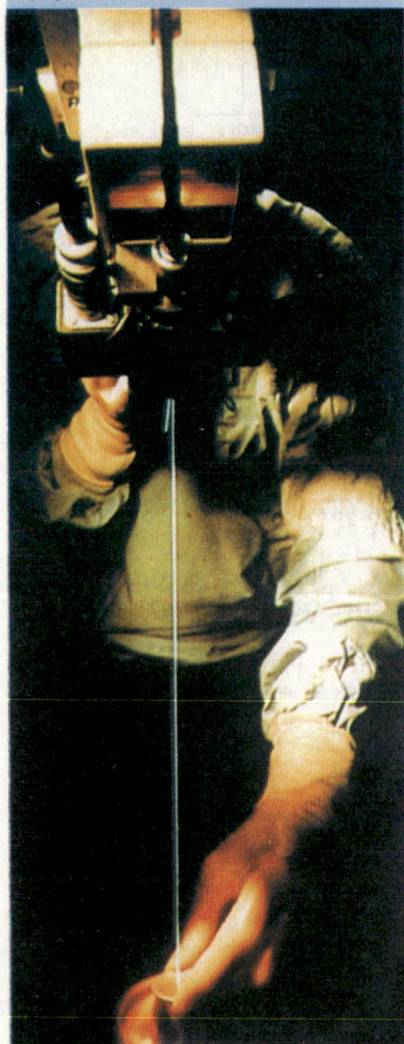

▽ 大气激光通信可利用大气为信息传输媒介实现大信息容量和高质量的光通信

离神经血管。激光手术用得最多的是 CO_2 激光器，由于它能有效地局部凝固血管，故对于贫血、凝血性能低的或易出血的病人很适宜。对于烧伤病人，烧伤部位是各种细菌最易繁殖的地方，用 CO_2 激光清除表面坏死的组织能减轻感染和电解质流失，不出血，而且植皮效果好。激光内窥镜术是将激光技术与光纤内窥镜结合起来对人体内脏、腔道病变进行诊断和治疗的一种新技术。光纤内窥镜便于插入，视野清晰，激光束细小，辐射能量又高度集中，如准确瞄准患病部位可在瞬息间将病患消除。对于非手术治疗的常见病，如腰腿痛、软组织跌打损伤、炎症和表浅化脓性感染等，用 CO_2 激光、He – Ne 激光、钕玻璃激光散焦相隔一定距离照射，也有相当的疗效。

二、激光在眼科的应用

激光器问世后，眼科专家很自然地想到可用激光替代眼科中治疗视网膜疾病的氙弧光。目前，激光治疗的视网膜疾病主要有四类。

（1）对外伤、炎症或变性所形成的裂洞发展而形成的视网膜脱离，激光能有效地凝固、封闭这些裂洞，防止网膜变性，保存病人的视力。

（2）可堵塞与中心浆液视网膜病变相联系的网膜血管的渗漏，凝固黄斑裂孔，减轻黄斑区水肿。

（3）破坏糖尿病患者中常见的视网膜微血管瘤和新生血管丛，以控制病情发展到出血及视网膜脱离，保存病人的视力。

三、激光治疗肿瘤

随着激光技术的发展，激光照射和激光切除已成为治疗肿瘤的一种重要手段，具有很多独到的优点。

（1）激光手术刀切除肿瘤时，由于光束焦点处能量密度高，肿瘤周围的血管和淋巴管在极短时间内被激光切除并凝固，因此可以防止肿瘤细胞扩散。

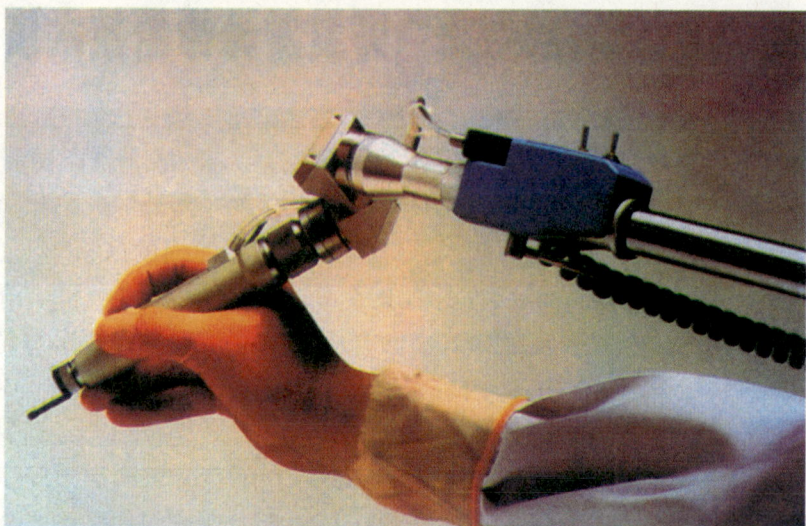

△ 一种激光手术刀的手控部分

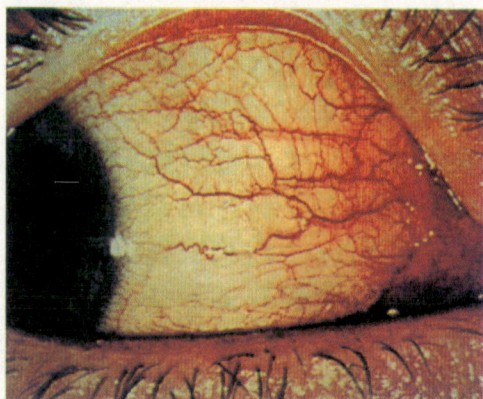

△ 激光在眼科治疗上有着广泛的应用前景

▽ 医生在用激光手术刀为癌症患者动手术

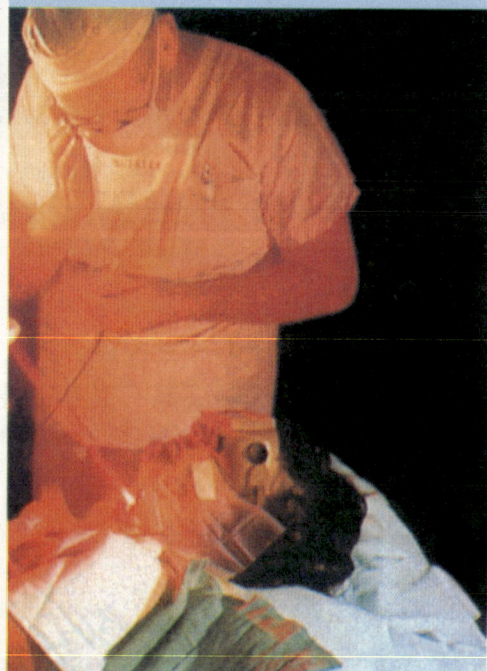

（2）用聚焦或不聚焦的激光照射，可使局部的肿瘤物质汽化，肿瘤细胞完全被破坏，有可能达到永久治愈。

（3）激光束在手术中对切除肿瘤后的四周创面作扫描破坏，有助于消灭切面留下的残余恶性细胞和组织。

（4）用现代外科手术方法把肿瘤部位暴露出来，用适当的足够的激光功率，不仅可切除全部肿瘤，还可能保留器官和健康组织的功能。

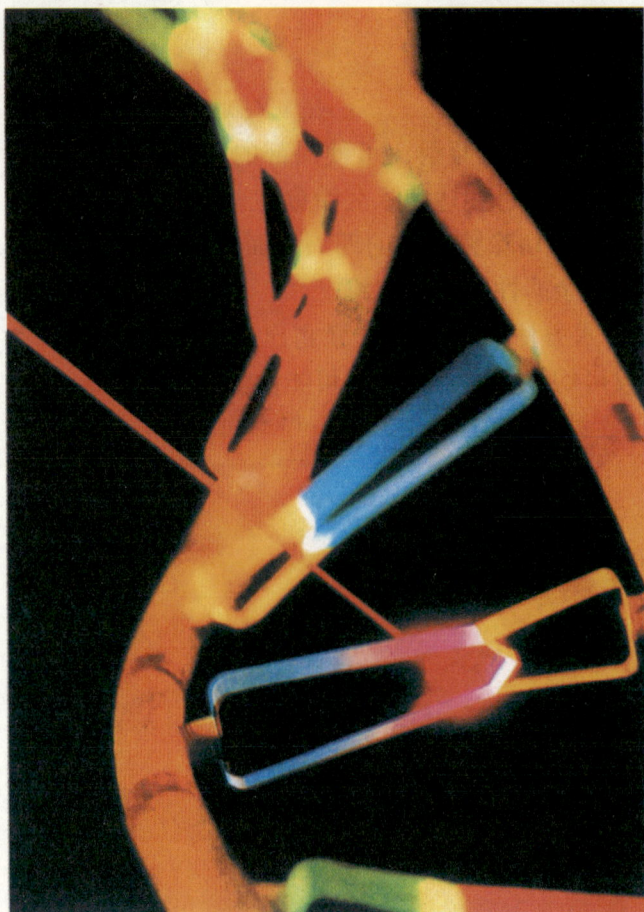

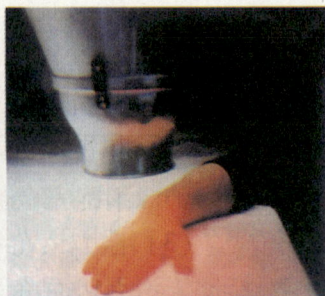

△ 用激光照射病灶可以达到良好的治疗效果

◁ 利用激光可以准确切除染色体上的致病基因，从而根除遗传疾患

▽ 用准分子激光治疗近视眼

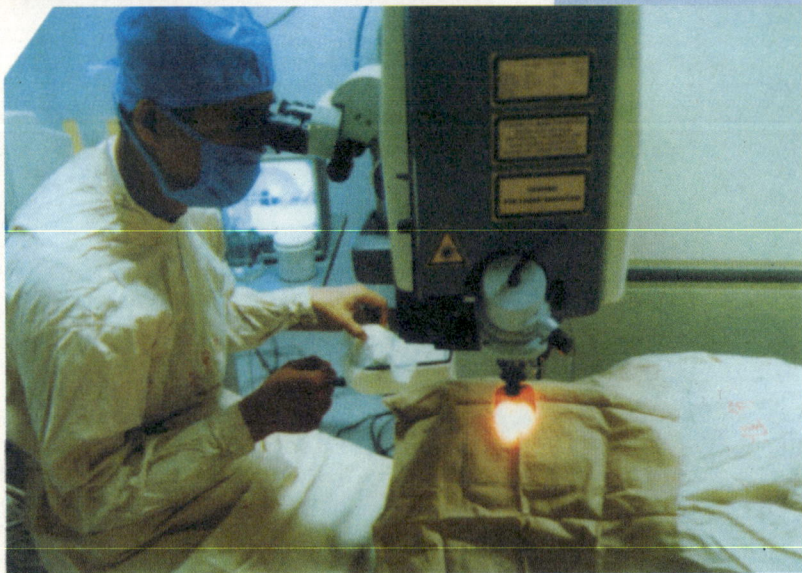

第六章 医药科学技术：
健康的卫士

第一节 传统药物：古树发新芽

传统药物是指在传统医疗理论和方法指导下应用的天然药物。世界各国、各民族都有传统药物。如日本的汉药，朝鲜的东药，印度的阿育吠陀药及中国的中药等。

中药，由于其理论体系较为完善，适用面较广，在中国乃至世界上都有很深刻的影响，在传统药物中占有非常重要的地位。中药的历史极为悠久，而现代科学技术的发展又使得这门古老的科学焕发出勃勃生机。

一、中药材的来源得以拓展

中药材主要源于植物、动物及矿物。由于长期、过度地采集和猎取，野生动物、植物药材资源已日益减少乃至于枯竭。在这种情况下，现代动植物的养殖、栽培以及引种等技术的发展与应用，部分缓解了中药材的来源问题。目前，北药南种，南药北移，野生变家种、家养等都已取得了显著成效，而无性繁殖技术、遗传育种技术、植物调节技术等现代高科技手段的广泛使用，更是有利于中药材的品质与产量的提高，改进了中药材的生产方式。

△ 中华文明始祖之一轩辕黄帝像。中医中药可以追溯至炎黄二帝时期

▽ 中药材霍香。它可以解暑化湿，和胃止吐

△ 宋代针灸铜人

二、中药材的储藏得到加强

中药材储藏的好坏直接影响其品质。大多数中药材都含有淀粉、糖类、蛋白质、脂类、纤维素等成分，易发生霉烂、虫蛀、走油及变色等变质现象。20 世纪 80 年代初，我国在中药材的仓储养护方面开始研究并成功地应用了气调养护技术。该技术的原理是人工降低储藏中药材周围的氧含量，提高 CO_2 等气体含量，使害虫窒息死亡，达到保鲜、防霉、杀虫的目的。除气调储藏技术外，近年来还应用了真空包装技术、除氧剂密封储藏技术、气调与机械吸潮相结合的储藏技术以及计算机管理仓储技术等。

三、中药炮制的方式彻底改变

炮制亦称炮炙，是指根据医疗和制剂的需要，对原药材进行修制、整理和特殊加工处理的方法。具体地讲，就是对中药材进行渍、泡、洗、切、蒸、煮、炒、炮、炙、煅等加工处理。传统的炮制器具为锅、铲、缸、刀等，完全是手工操作，炮制的"度"也完全凭经验掌握。随着机械制造技术的进步，洗药机、炒药机、蒸药机、润药机、切药机、煅药机等的研制与应用，中药炮制已基本实现了机械化。

四、中成药的生产走向现代化

中成药是以中药材为原料，在中医药理论指导下，按规定的处方或方法加工制成一定的剂型，供医生临床使用的一类药物。现代科学技术在中药制剂领域的广泛使用，已使中成药生产方式发生了重大变化。首先，中药材粉碎实现了机械化、自动化。TF－700 型、WC－400 型、NKF－3 型等粉碎机组的大量使用，不但提高了粉碎效率，而且更好地保证了中药的质量；其次，中药提取新技术的使用，提高了中药的提取效率。中药提取装置，已从敞口直火加热锅，发展到夹层蒸汽加热锅，直至目前广泛使用的多功能提取罐。此外，真空低温浓缩技术以及薄膜蒸发浓缩技术的广泛使用，大大减少了中药成分的损失。

△ 曼陀罗花。武侠小说中的"蒙汗药"就是用它制成的

△ 20世纪50年代北京的中药店。传统中药以汤剂为主，还包括丸、散、膏、丹等药型

▽ 百年老字号北京同仁堂药店既保持传统又推陈出新，享誉海内外

第二节　化学合成药物：
现代医学的基石

与传统药物不同，化学合成药物不是自然界本来就有的药物，而是经过人工设计，并通过工业化生产而生成的非天然药物。它起源于西欧，随着化学科学以及化学分析和化学合成技术的发展而产生并不断壮大。迄今虽然只有百余年历史，却已成为人类医疗保健药物中最重要的组成部分。

20世纪50年代和20世纪60年代初期曾是化学合成药创制的黄金时代。这一时期，不仅硕果累累，而且成功率高，一般从几百种新化合物中便可筛选出一种获准上市的新药，从而促进了世界制药工业的高速发展。然而，从那以后，新药创制的难度与年俱增。20世纪60年代后期，一般要从两三千种新化合物中才能筛出一种可以上市的新药。20世纪70年代中期，成功率降至1/5000。20世纪80年代以来，成功率仅为1/8000到1/万。新药创制的难度之所以愈来愈大，主要是因为随着医学科学和技术的发展，新药研究水平已不再只是在细胞生物化学水平上，而是已经进入分子化学水平，因此，与新药有关的许多细胞与亚细胞水平的复杂生化反应过程都需要花费很多的时间和精力进行深入研究并加以阐明。

新化学药物从研究开发至获准上市，如今要经历10～12年，有的长达15年。整个过程分为两个性质不同且工作方法各异的发展阶段。第一阶段是新药研究（或称新药寻找）。在这一阶段，首先要通过新化合物设计、化学合成以及药理—动物筛选，找出有预期药理活性的新化合物，作为先导化合物；然后在此基础上，合成一系列的衍生物，从中选出最佳的新药候选者。新化合物设计、合成与筛选，一般由药物化学家、临床医学家、药理

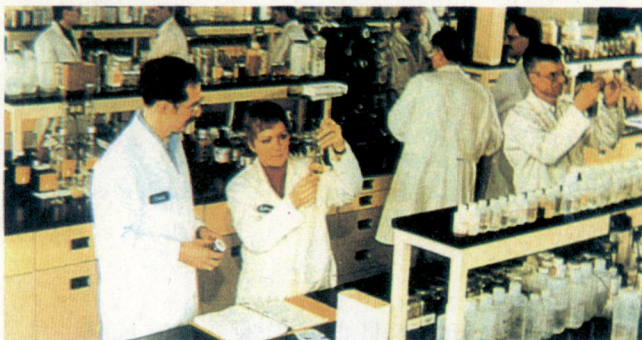

△ 科学家正在实验室中研制各种新的化学药物

△ 医生正在为儿童注射疫苗

△ 危害人体健康的葡萄球菌，可以用青霉素将它们消灭

▽ 现代药品生产线使药物实现了批量生产

学家和生物学家为主合作进行，由情报与化学结构鉴定部门进行协助，一般1~3年可找到一个有苗头的新化合物。在新药筛选中，一个专属性很强的药理—动物模型往往很重要。第二阶段是开发，即对上述已找到的新药候选者按照新药申请的技术要求，进行系统的、深入的安全性和有效性的研究与验证。首先是临床前的试验工作，包括新化合物的化学结构、理化性质、纯度和杂质的研究、稳定性试验以及一系列的动物实验。然后向新药管理部门申请作为试验性新药，经审查批准后才能进入临床试验阶段。临床实验又分为三期：Ⅰ期是在少数健康志愿者身上试验其安全性；Ⅱ期是在少数志愿病人身上试验其有效性、给药剂量和给药方案；Ⅲ期是对一定数量的志愿病人进行双盲试验，并对该化合物的有效性和安全性进行生物统计学评价。最后向新药管理部门提出新药申请，经新药审评机构各个领域的专家审查通过后，由管理部门批准上市。从而完成了新药的整个创制过程。

　　化学合成药物的创制，由于高新知识含量高、投资大、周期长、风险大，属于高技术范畴，受到知识产权保护。世界各主要国家都先后实行保护新化学实体的药品专利制度，这是一种全面的专利保护。在专利期内，无论采用什么技术路线或生产工艺进行仿制都是属于侵权行为，即使是在该专利基础之上改进剂型、创制新剂型或复方制剂也是不允许的。

第三节　基因工程药品：医药产业的新天地

　　基因工程药品，是指利用基因工程技术制取的生物药品。所谓基因工程技术，则是指在分子生物学、生物化学和生物物理学基础上发展起来的科学领域。它可以通过工程设计方法，在分子水平上对生物遗传物质进行加工，定向地改变遗传物质的组成，

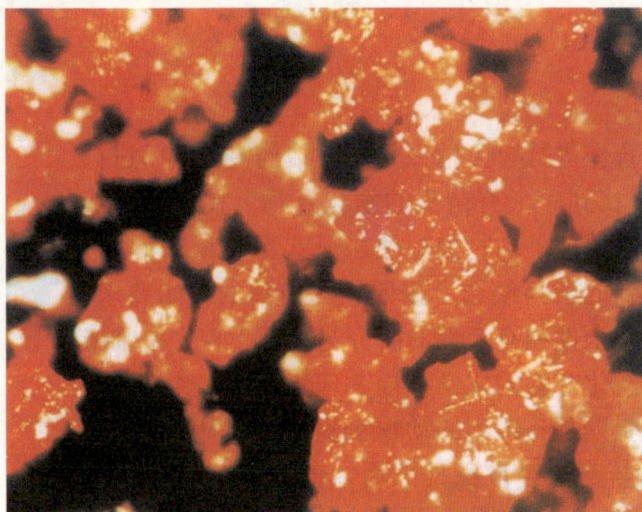

◁ 在电子显微镜下所观测到的维生素B的结构

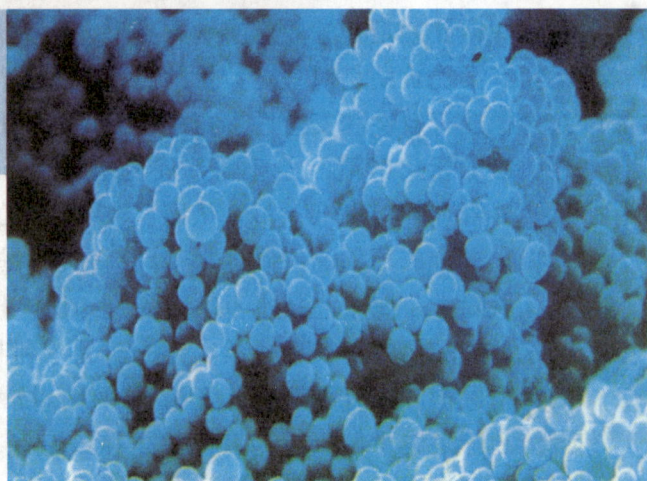

▷ 青霉素对具有抗药性的葡萄球菌无可奈何，人们不得不研制新的药物来征服它们

▽ 任何药物都具有一定的毒副作用，不能仅凭广告的宣传就盲目地服用

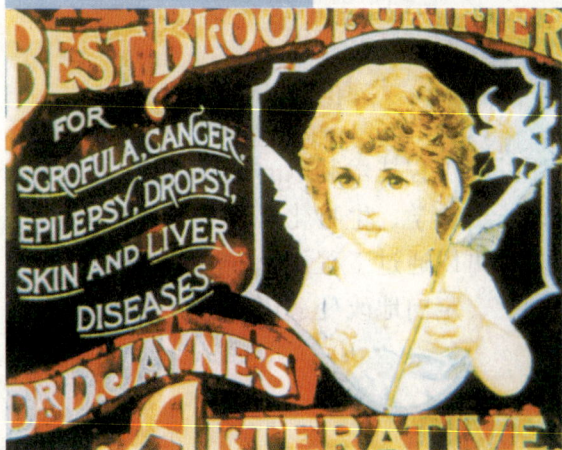

▽ 治疗肺结核的药物利福平的三维全息显微照片

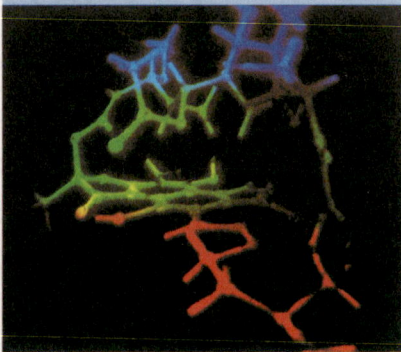

把某种生物体携带的特定基因引入另一种生物体，使后者获得特有的生物特征。

20 世纪 70 年代末，人类利用基因工程技术获得了人胰岛素，1982 年人胰岛素正式投放市场，开了基因工程药品的先河。从那以后，各发达国家竞相开发基因工程药品，迄今为止，已有数十种基因工程药品投放市场，包括人胰岛素、α-干扰素、人生长激素、人组织血纤维蛋白溶酶原激活剂、人白细胞介素-2、γ-干扰素、人促红细胞生成素（EPO）、粒细胞—集落刺激因子（G-CSF）、粒细胞—巨噬细胞集落刺激因子（GM—CSF），等等还有几十种产品尚在临床试用中。

基因工程药品虽然起步很晚，但却受到各国制药工业的巨大重视，这是由于该种药品为医药产业拓展出一片新天地。

首先，它提供了大规模制取人体内活性物质的技术。例如，治疗糖尿病的重要药物胰岛素，由于以往都是从猪的胰脏中提取，胰岛素产量受到限制；而基因工程技术用大肠肝菌发酵生产，一只 200 升的发酵罐即可产生 10 克人胰岛素。

其次，基因工程药品对一些诸如癌症、肝炎、艾滋病等顽症具有很好的疗效。例如，干扰素是一组具有抗病毒性能的蛋白质，它是当生物体细胞受到病毒、细菌等微生物感染后，本能地产生的一种具有众多免疫功能的蛋白质。人体可以产生三种干扰素，分别叫做 α-干扰素、β-干扰素和 γ-干扰素。但是只靠人体细胞产生的干扰素数量甚微，不能适应临床需要。而用基因工程技术则可以生产出大量的各种干扰素。干扰素对乙型肝炎、狂犬病、脑炎等传统性疾病均有疗效。α-干扰素对治疗癌症也能起到作用，其中 α-2 和 α-A 这两种干扰素对黑色素瘤和肾瘤有明显疗效。对恶性疾病有显著疗效的基因工程疫苗也已形成一个快速发展的大市场，为人类寻到了治疗这些顽症的克星。以前的乙肝疫苗是将从带有病毒的血液中分离出来的病毒作为抗原的，量

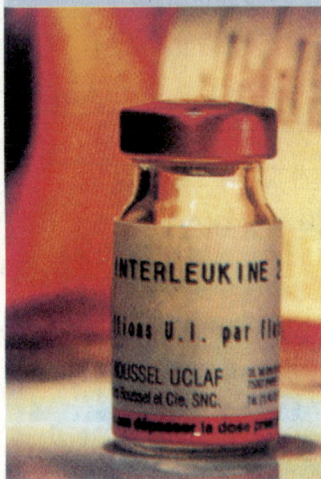

△ 将乙肝病毒的基因人工引入细菌，生产乙肝疫苗

▽ 一种利用基因重组技术生产出的抗癌药物——白细胞介素2

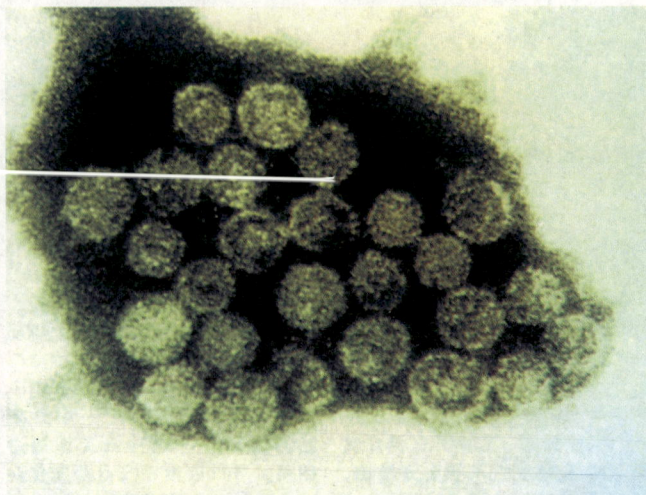

▽ 科学家正在仔细称量十分贵重的生长素。人们已经能够利用基因工程技术批量生产人的生长素

少价高又很不安全。1989 年利用乙肝病毒的基因陆续生产了基因工程疫苗，不仅降低了成本，提高了产量，而且增强了安全性。抗癌疫苗对攻克癌症，特别是治疗晚期的癌细胞已扩散的癌症效果明显。

第三，基因工程药品因为是体内活性物质，是人体内蛋白质、多肽或者激素，一般来讲，毒副作用较小。

最后，这类产品与化学合成药品不同，一般不需要庞大的厂房，污染问题也易于解决，开发周期较短，虽然技术密集，投资强度大，可一旦开发成功，收益相当可观。

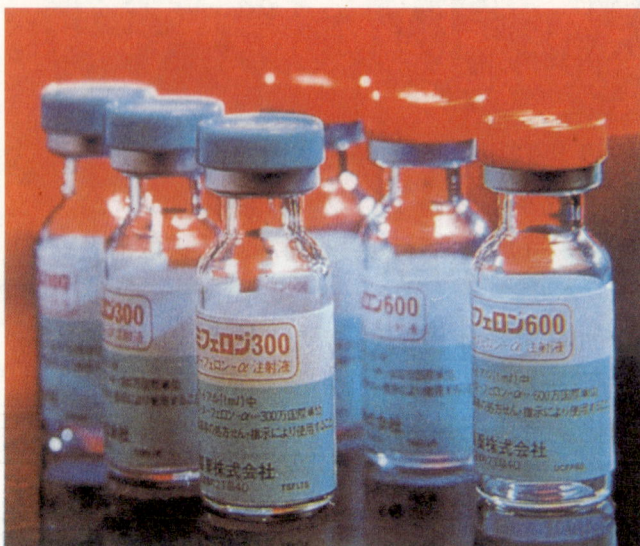

△ 应用基因工程技术生成的α.干扰素，对肝肾癌变和多发性骨癌有较好疗效

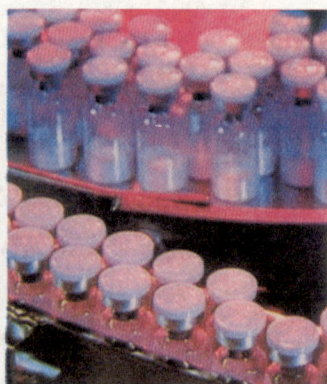

△ 运用基因技术生产的生长素

▽ 生产干扰素的车间

第七章　化学科学技术：
老树再开新花

　　20 世纪以来，科学技术的发展呈现两种趋势：一是各门学科之间的融合与交叉；二是基础研究与应用技术之间的日益密合，浑然一体。化学在 20 世纪的进展，显示了这两种趋势。首先，它与物理学、生物学、地质学、宇宙学等学科相互渗透形成一系列的边缘科学和横断学科；其次，现代的化工生产，新能源、新材料的开发越来越离不开化学理论的指导。因此，众多的新兴技术学科应运而生，发挥着重要的作用。当代的化学基础虽然仍是无机化学和有机化学，但是整个化学的内涵，研究的领域、方法和仪器较之以往是不可同日而语的。

　　当代化学在沿着定量化、系统化不断前进时，化学发展的目标已经不再局限于认识、利用现有的物质组成和性质，不再单纯地研究和发现自然界业已存在的反应过程，而是在深入理解化学反应的微观机制基础之上，用先进的技术手段设计新的物质构成，构造新的化学反应，使之更加符合和满足人们的需要。事实上，早在 20 世纪初人工合成塑料和橡胶的成功，表明人们已经沿着这个目标迈出了第一步。

　　由于化学研究的领域十分广阔，面面俱到地介绍它的最新进展是不可能的，本章只能是从浩瀚的大海中捧起一两朵浪花，寄希望于"一滴水也能反映整个太阳"，给读者朋友提供一条认识和了解现代化学发展的线路。

化学元素周期表

19世纪著名化学家维勒的化学实验室

第一节　量子化学：是理论化学的终结者吗

　　量子化学基本上与量子力学的建立同步。在薛定谔 1926 年提出他的波动方程之后，1927 年即有人用它对氢分子体系做出了计算并取得了成功。根据量子力学的理论，对任意一个孤立的原子系统或是分子系统，我们都能写出它的薛定谔方程并以此求出标志各运动状态的参数，因此，形形色色的化学反应在原子（分子）的层次就得到了统一的解释，于是就有人认为理论化学到此也就走到了尽头。

　　但是，写出方程是一回事，解出方程是另外一回事，实际上，对多粒子体系的薛定谔方程是根本无法严格求解的，只能近似地求解。为了简化薛定谔方程，人们通常假设某体系中的每一个电子都处于原子核和其他所有电子所产生的平均势能之中，这样，单个电子运动的波函数就能通过变分法求得，而整个体系的运动状态即是所有单个电子波函数的乘积，这就是所谓的自洽场方法。

　　自洽场方法能够得出一些结论，但由于它忽略了电子间的瞬时相互作用，因此结论往往非常粗糙。为了弥补这一缺陷，20世纪80年代人们引入了组态相互作用方法。它能够提高计算的精度，但也有致命的弱点，其一是组态的增加带来计算的复杂性和难度，其二由于一个体系中往往引入上千个组态，这样在化学中运用极广的"轨道"概念就消失了，所以有人戏称："计算越精确，概念越模糊"。在这方面，中国学者做出了突出的贡献，在20世纪90年代提出了用超球坐标求解原子、分子体系非相对论薛定谔方程的方法以及一系列相关概念，这是向严格求解薛定谔方程迈出的具有重要意义的一步。

△ 汤姆逊、卢瑟福等人的工作使人们得以窥见原子世界的奥秘，人们想象中的原子世界像一个恒星－行星系统

▽ 1901年，卢瑟福打开了原子核的大门，化学与物理学开始相互渗透融合

▽ 发现放射性元素钋和镭的居里夫妇

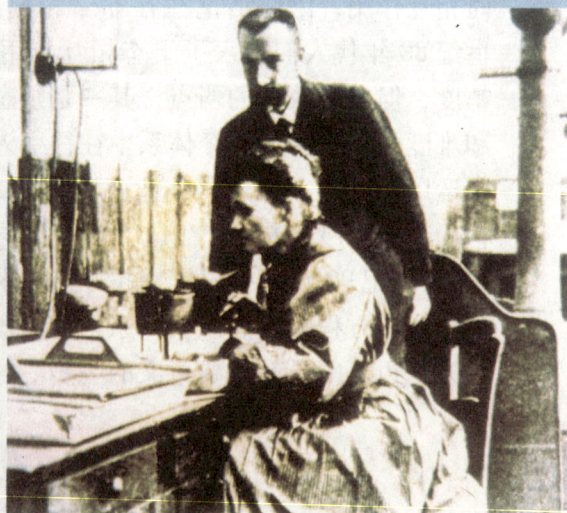

量子化学的研究帮助人们认识化学反应的微观机理，它能计算分子的几何形状和电子构形，得出有关的分子性能，从理论上阐明化学反应的发生，并且能够对实验结果作出补充，预见可能出现的现象，走上分子设计之路。

量子化学的精确计算在小分子体系上所得的结果是令人乐观的，但对生物大分子体系还缺乏说服力，这也正是量子化学基础研究和应用研究的前沿课题。

第二节　材料化学：未来的拓路者

从某种意义上说，材料化学就是材料科学，它决定着我们能够用什么样的材料搭建未来的理想世界。所以说，材料化学不仅要研究新材料的合成，而且必须使新材料的合成工业化，这对于整个社会的进步才是有意义的。

材料化学可以分为无机材料化学和高分子材料化学，当然，这只是一个大致的分类，两者的交叉是很明显的。

无机材料化学为现代化建设提供具有高强度、抗高温、高韧性的无机固体材料。目前已不单纯按照旧有传统方法进行研究、合成新材料，而是另辟蹊径，拓展新路。近年来对原子团簇的研究就是一例。所谓原子团簇是指由数十个，甚至上百个原子聚集在一起形成的物质形态。它介于原子、分子等微观层次与宏观层次之间的介观层次，研究表明，原子、分子并不直接决定材料的性质，而是由它们组成的团簇在起决定性作用。这就为新材料的合成打开了一扇阿里巴巴的藏宝门。20 世纪 90 年代风头出尽的 C_{60} 便是一种典型的原子团簇，它由 60 个碳原子构成正 32 面体。人们推测它属于一个庞大的家族，如图 7 - 1 所示，由于 C_{60} 具有的高温超导性，人们有理由相信 C_{280} 和 C_{540} 具有更高温度的起始超导温度。原子团簇的研究天然地与另一门新兴学科——纳米材

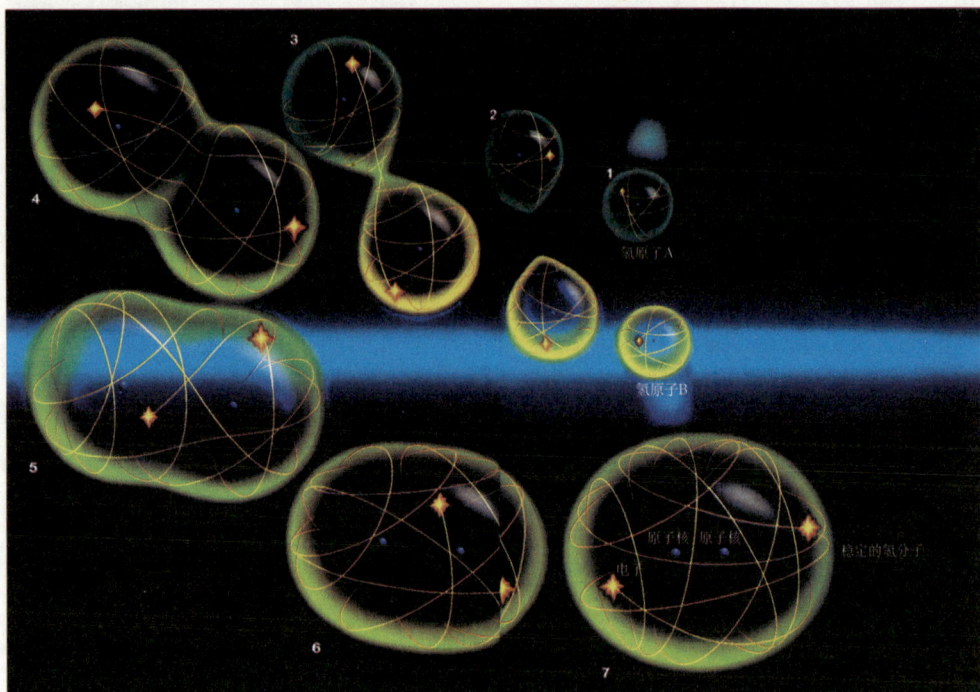

氢原子A

氢原子B

原子核　原子核

电子

稳定的氢分子

△ 氢分子形成过程示意图

▽ 高分子中空纤维具有极强的过滤功能，可以用于制造人造器官

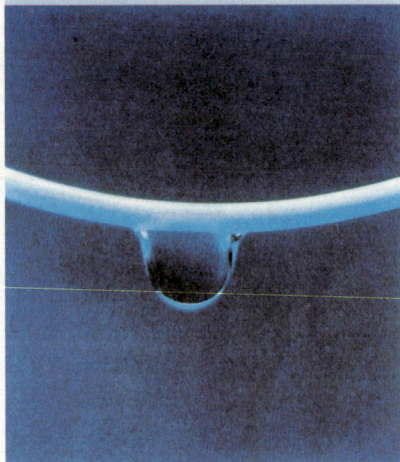

▽ C_{60}的球状分子结构

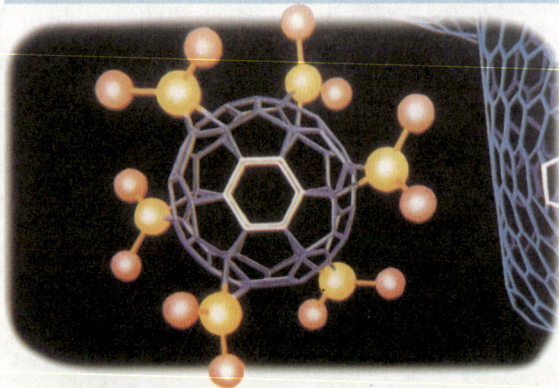

料联系在一起，因为纳米的尺度正好涵盖了原子团簇的尺寸范围，两者结合必将开创一片崭新的天地。

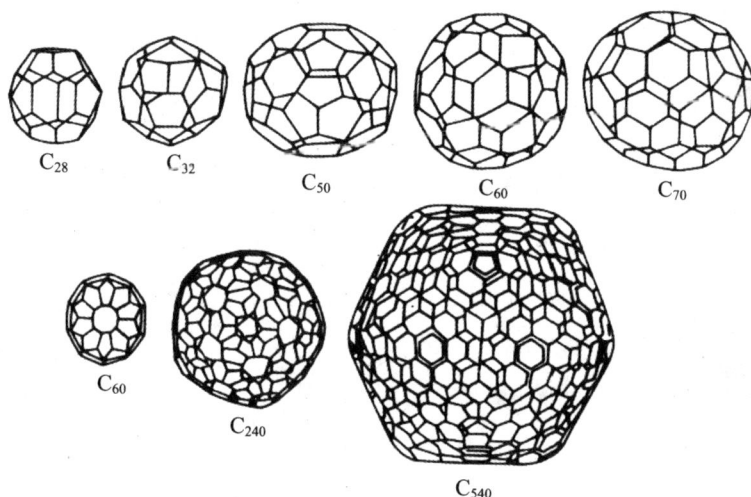

图7-1　富勒烯的笼状结构系列

高分子材料在20世纪80年代最引人注目的成就是光导纤维的商业化应用。同样，高分子分离膜、光刻胶、感光树脂也为人们生活水平的提高作出了应有的贡献。目前，导电高分子材料的制备是高分子材料研究中的焦点。导电高分子是本身就具有导电能力的有机高分子化合物，而不是依靠添加金属或碳黑粉末。它有着极广泛的运用前景，聚苯胺便是其中之一。聚苯胺能够制作抗静电和电磁屏蔽的材料，能够制作透明的涂层，作为导电玻璃使用。由于它的体积随外加电压的变化而变化，因此能够制作人工肌肉，由电压控制其伸缩，已经有人用它制作了一台能举起200倍于自身重量的机器。聚苯胺的化学制取已经不是问题，问题在于规模化的生产。

由于原有的制备方法的局限，一些特殊功能材料无法合成，但是，人们在极限条件下合成新材料已经取得了一些成果。

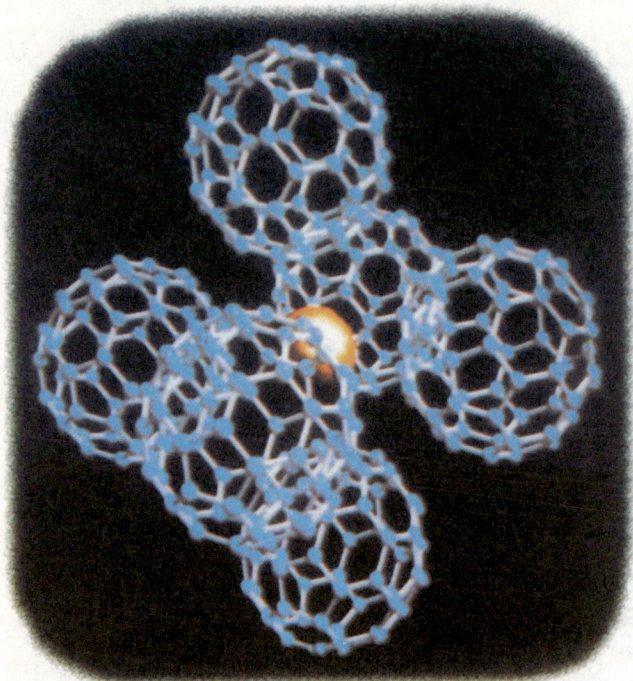

△ 由C$_{60}$构成的
原子团簇

△ 用石墨和玻璃纤维合
成的跳高用撑杆具有高弹
性和高强度

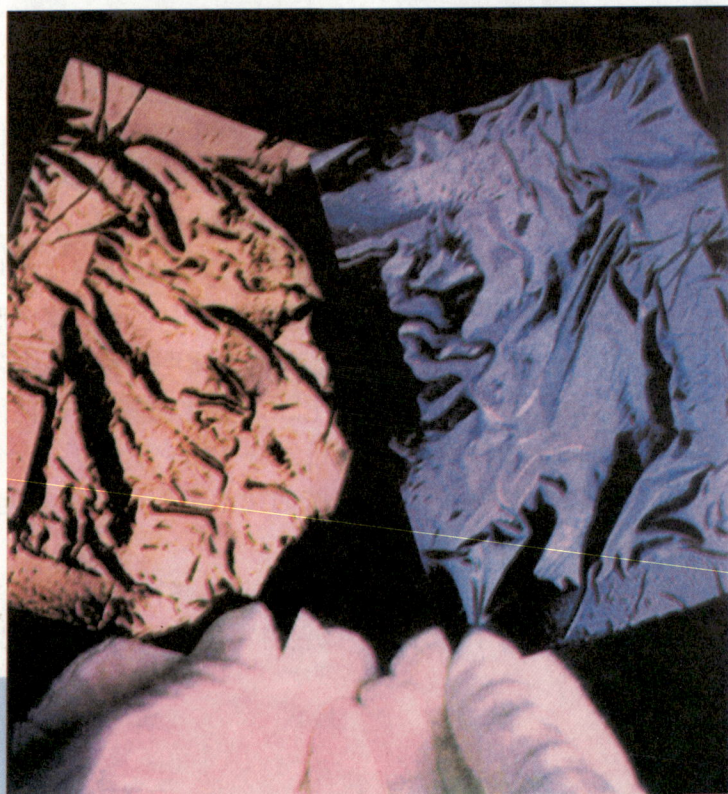

▷ 粉红色的聚苯氨
塑料薄片，涂上碘变
成蓝色并具有导电性

自蔓延高温合成,又称同体火焰燃烧法利用反应物能够燃烧且放出大量热量的性质,让反应物在高温下迅速生成新物质。高温超导体 $YBa_2Cu_3O_{7-x}$ 的合成采用的就是这种方法。人们还用金刚石帖压机在温度为4000K和大约3×10^{11}Pa的条件下合成C – Si – Ge体系中的未知化合物。另外,在温和条件下制备材料的溶胶—凝胶方法也得到发展和完善。它的大致过程如图7 – 2所示,用这种方法能够得到纳米微粒、薄膜、纤维、陶瓷、复合材料等,是实现新材料制备规模化的一种好办法。

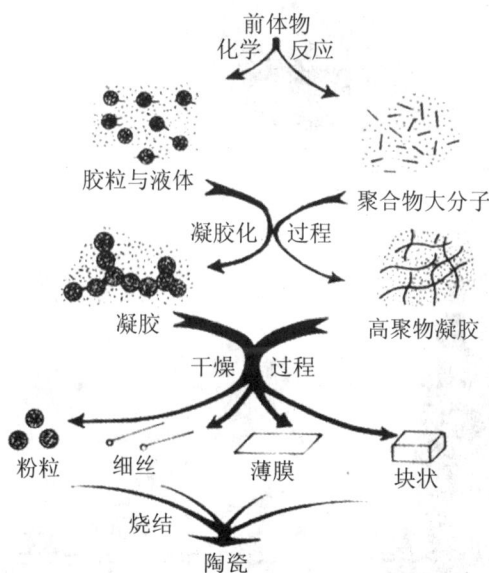

图7 – 2　溶胶—凝胶法示意

△ 这是用纤维增强复合材料制造的直升机的螺旋桨

▽ 广泛地运用于农业领域的聚乙烯薄膜

第三节　生物化学:揭开生命的奥秘

　　生物化学的研究试图用非生物的化学过程阐明生命活动的过程,这是两个具有质的区别的事物间的联结点,是一个充满趣味的中间地带。

　　生物无机化学研究的前沿问题是各种微量元素在生物体内新陈代谢的作用以及金属蛋白质的结构和功能关系。人们已经发现,人体内某些微量元素的缺乏与恶性疾病之间的联系,这为发现和治疗这些疾病找到了可靠的理论依据。对金属蛋白质的研究表明,人体内约1/3的酶在它们本身的结构内含有金属离子或需要金属离子才具有活力,人体内的锌酶超过200种,它们控制着生物遗传物质的复制、转录与翻译。

　　生物大分子的结构和功能间的关系一直为学术界所关注,核酸的人工合成说明人们对于生物大分子的研究已具有相当的水平。1993年获诺贝尔奖的多聚酶链式反应技术能够将特定的DNA片断放大,使模板DNA的信息呈几何级数增长,为人们进行微量遗传物质的分析提供了有效的方法。

　　基因工程是生物化学中最具革命意义的。重组DNA技术是在20世纪70年代发展起来的,可以按照人们的需要改造和组建新的生物品种。现在为众多媒介所关注的克隆技术事实上就是重组DNA技术,由于已有专门章节论述,此处不多赘述。

▷ 一个现代化的生物制药厂的工作人员正在从动物内脏中提取生物活性物质

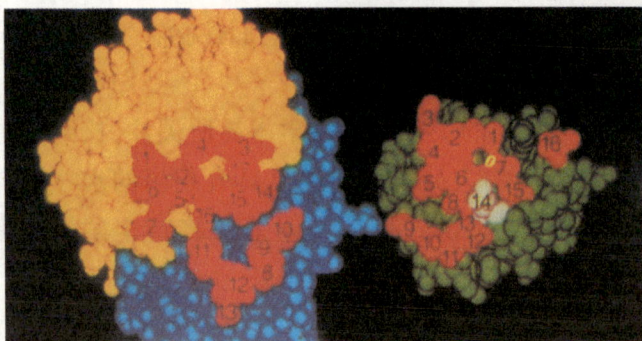

◁ 酶的生化反应。图中溶菌酶中的16个氨基酸和抗体中的17个氨基酸在耦合过程中相互作用

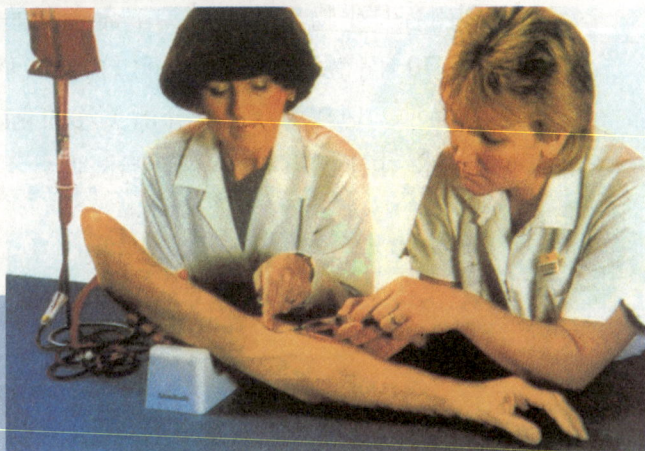

▷ 用微生物生产的高分子纤维素具有较好的生理适应性，可用于制造人工皮肤

第四节　等离子体化学:第四种
物质形态的化学

　　等离子体是与固、气、液三种物质形态不同的第四种物质存在的基本形式。等离子体化学是研究等离子体的化学反应及相关的化学工艺。

　　等离子体化学反应的能量非常高,在热平衡等离子体内,各种粒子的温度几乎相等,最高可达 20 000K,适合进行高熔点金属的熔炼提纯,制备高温耐热材料。等离子体化学反应体系呈现热力学非平衡态,这一点非常有用,能够用于高温材料的低温合成和单晶材料的低温生长。运用等离子体方法,能够以非常快的生长速率合成人工金刚石薄膜。

　　等离子体化学气相淀积(PCVD)方法是目前使用较多的一种生产工艺。非晶硅太阳能电池的廉价大面积自动化生产就得益于这种方法。另外许多高温超导薄膜也是用这种方法制得的。

　　运用等离子体的特殊性质,能够改变加工材料的表面结构,改善棉、毛等天然纤维的加工性能,这方面已经在工业上得到广泛的应用。

　　等离子体化学在微电子技术上也有突出的运用,等离子体蚀刻技术,等离子体显微,等离子体除胶技术的实用化,为大规模集成电路的更新换代提供了可靠的技术基础。

　　等离子体化学在短短的三十多年内取得了丰硕的成果,随着对等离子体的深入认识和广泛研究,它会有更多、更好的应用。

　　以上简单的分类和论述只是化学在当代进展的冰山一角。总的来说,当代化学已经深入到微观层次,并以微观的物质结构和状态来阐发宏观化学反应的原理,并以此获取更多新的材料和新的物质。这一点在化学的其他分支学科如结构化学、化学动力学、分

▷ 集成电路的活性粒子蚀刻装置。它运用等离子体通过化学反应进行蚀刻

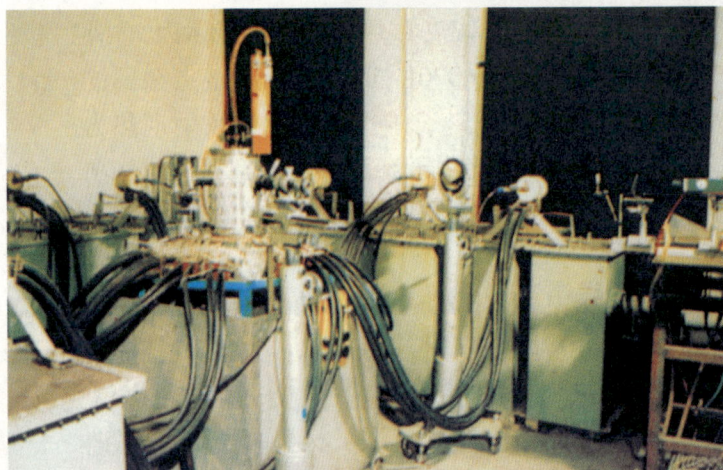

◁ 36千焦等离子体中子源系统

▷ 清华大学可控等离子体化学工程试验系统

析化学的发展中都得到了证明。

　　化学发展的三个关键问题是化学反应性能、化学催化剂、生命化学过程的问题。化学性能是讨论在什么样的条件下发生某化学反应和如何选择该反应的最优途径；化学催化剂的研究则保证化学反应的高效益和高效率；生命化学过程的研究涉及生命的起源、人类的思维、人类疾病的机理等一系列难解之谜。这三个问题既有很强的理论性，又有实际的运用性，解决好它们是推动化学向前发展的关键。

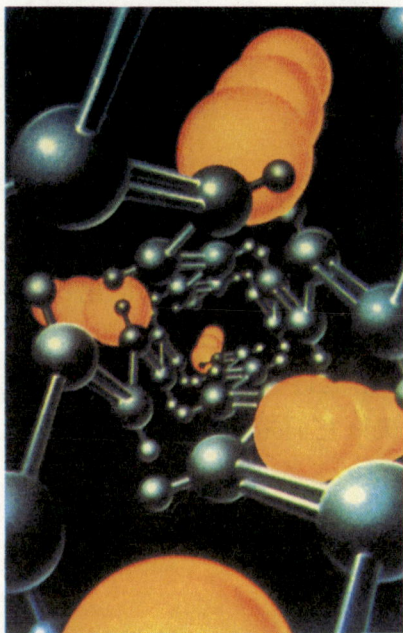

△ 导电塑料分子结构示意图

△ 人体唾液细胞中的巨大染色体

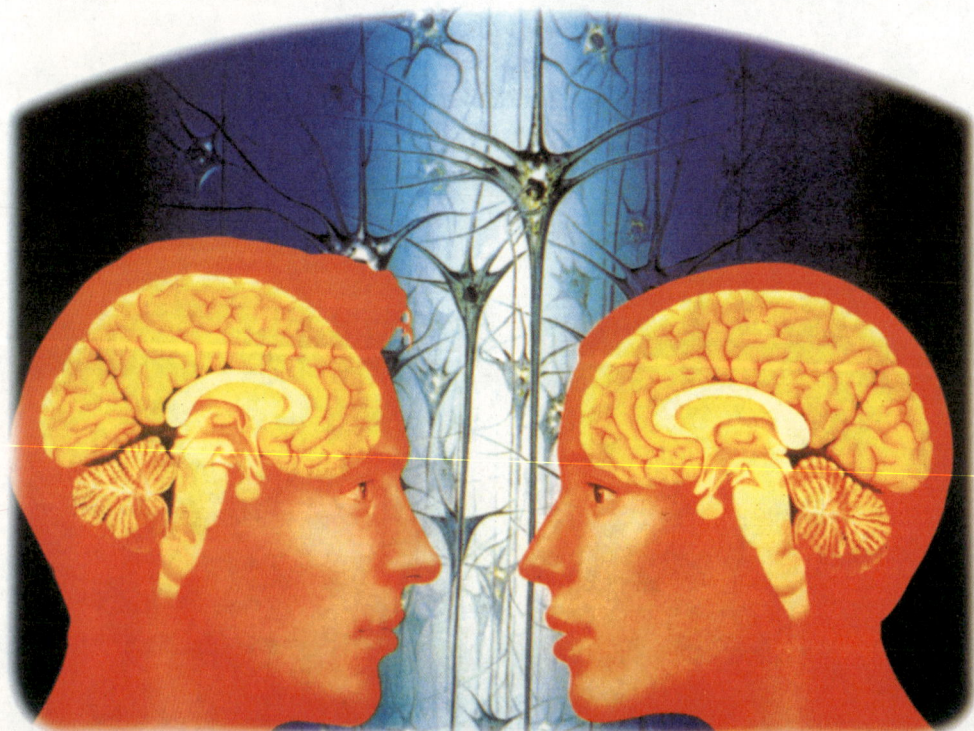

△ 人类大脑内有100多亿个神经细胞，科学家正在致力于探索脑神经传递信息过程中的电化学机理

第八章　生物科学技术：
未来世界竞争的主战场

第一节　生物工程：21世纪高科技的佼佼者

　　生物科学技术，是应用于有生命物质的科学技术。它所涵盖的内容非常广泛，其基础科学包括微生物学、生物化学、遗传学以及生化工程等；它的历史非常悠久，人类几千年来使用的酿酒、制酱、育种等技术均属于生物科学技术。现代生物科学技术通常也被称为生物工程，是指"利用生物有机体（从微生物直至高等动物）或其组成部分（含器官、组织、细胞等）发展新工艺或新产品的一种科学技术体系"。

　　在世界各国高度重视高科技发展的当今时代，现代生物科学技术最被人们看好，被视为21世纪高科技的佼佼者。这主要是因为生物科学技术直接关系到与人民生活、卫生、健康密切相关的农业、医药卫生、食品工业和化学工业的发展，同时，对环保、能源等科学技术的发展也有很大的渗透、交叉作用，能够产生难以估量的社会效益和经济效益。

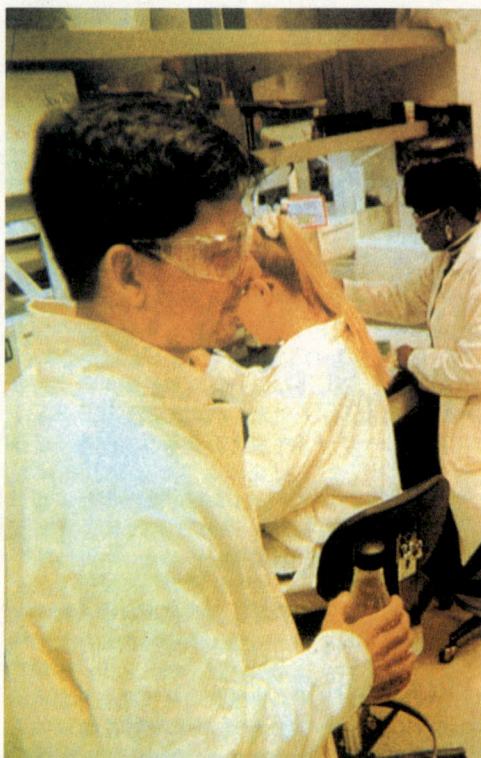

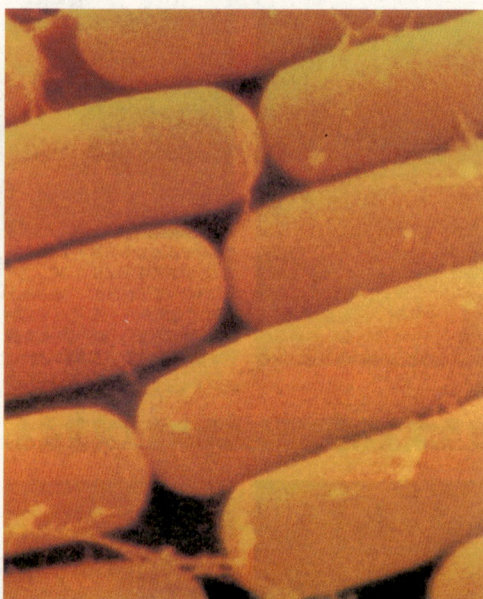

△ 应用生物工程技术人工合成胰岛素时所用的一种细菌

△ 华盛顿大学基因组定序中心正在进行人体染色体定位

▽ 生物学家利用限制性内切酶揭示出了基因的奥秘。图为机器人帮助生物学家描绘基因图谱

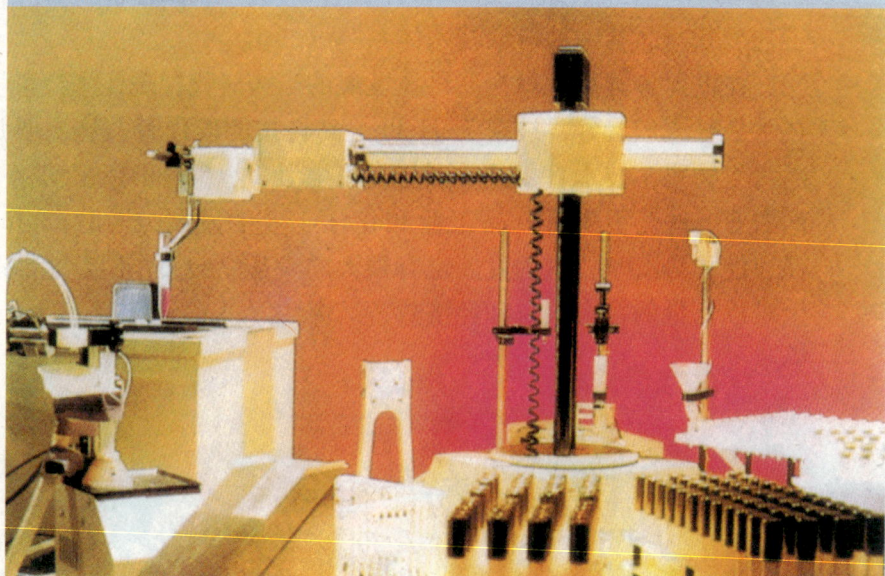

第二节　基因工程：为人类开拓美好前景

　　基因工程，或称 DNA（RNA）重组，是指对不同生物的基因，根据人们的意愿，主要是在体外进行切割、拼接和重新组合，再转入生物体内，产生出人们所期望的产物，或创造出具有新的遗传特征的生物类型，或达到人们所期望的某种目标（见图 8 - 1）。例如，我们要获得一种抗虫的农作物，就要先分离到一段基因，这个基因编码有某种专门杀虫的毒蛋白，然后将这个基因放在一个载体上，通过载体将这段基因转到农作物植株细胞的 DNA 上去。这样，在这些转入基因的农作物细胞中就能产生这种杀虫的蛋白，虫子一吃就会被杀死。这种能杀虫的特性可以随着 DNA 的复制而传给后代，因此，这种良好的特性就被固

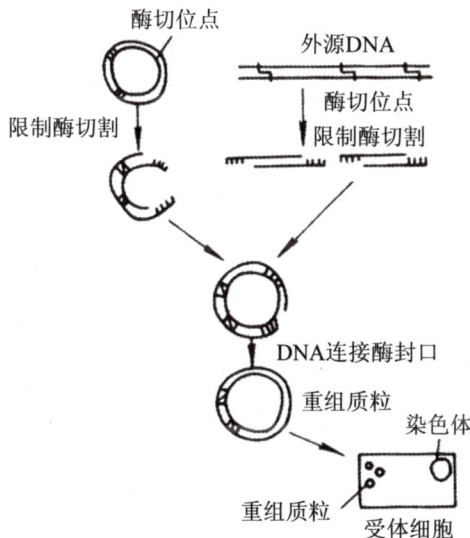

图 8 - 1　基因工程示意

▽ 基因重组示意图

含有所需遗传讯息之
基因或DNA片段

重组后的质体

蛋白质

进入人体肠菌中

用特种酶切断的
质体

人肠的
质体

定下来了。这就是整个基因工程的操作过程。

基因工程技术的产生，主要源于限制性内切酶的研究和基因载体的研究，这两方面的基础理论研究为基因工程技术奠定了基础，再加上其他一些配套技术研究的迅速发展，到 1972 年，世界上第一批重组的 DNA 分子诞生了。一年以后，几种不同来源的 DNA 分子装入载体以后被转入大肠杆菌中表达，这表明基因工程正式登上了历史舞台。

基因工程技术的出现，彻底改变了传统生物科学技术的被动状态，使得我们可以克服物种之间的遗传屏障，按照人们的愿望，定向培养或创造出自然界所没有的新的生命形态，以满足人们的要求，例如蛋白质工程，也有人称之为第二代基因工程。蛋白质工程主要包括通过基因工程技术了解蛋白质的 DNA 编码序列、蛋白质的分离纯化、蛋白质的序列分析和结构功能分析、蛋白质结晶和蛋白质的力学分析、计算机辅助设计突变区、对蛋白质的 DNA 进行突变改造等诸多过程。它为改造蛋白质的结构和功能找到了新的途径，大大推动了蛋白质和酶学研究的发展，也为工业或医药用蛋白质（包括酶）的实用化开拓出美好的前景。

第三节　细胞工程：打破了远缘生物不能杂交的屏障

细胞是生物体的结构单位和功能单位。细胞工程就是利用细胞的全能性，采用组织与细胞培养技术对动、植物进行修饰，为人类提供优良品种、产品和保存珍贵物种。细胞工程主要包括体细胞融合、核移植、细胞器摄取和染色体片段的重组等。

体细胞融合是指两个不同种类的细胞，加上融合剂，在一定条件下，彼此融合成杂交细胞，使来自两个亲本细胞的基因有可

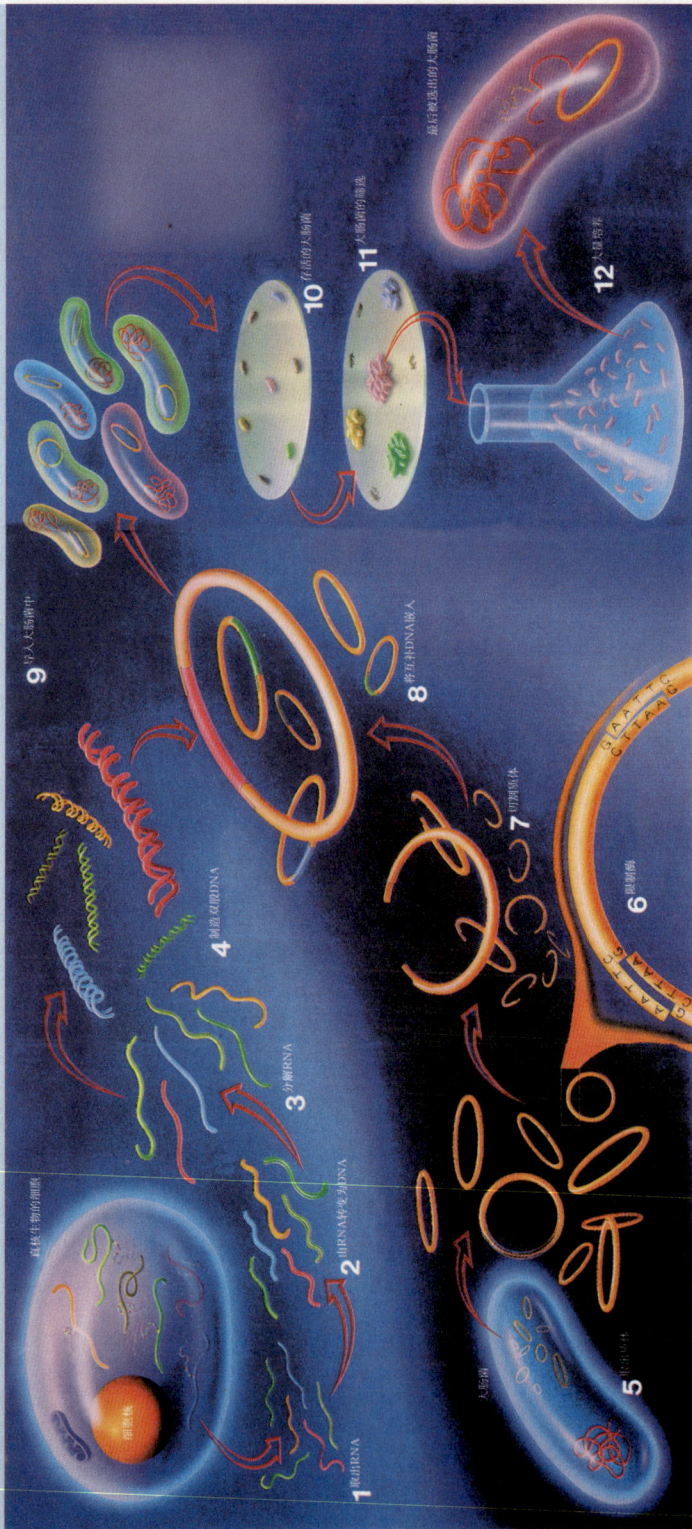

基因重组过程详图

1 取出RNA
2 由RNA转变为DNA
3 分解RNA
4 制造双股DNA
5 大肠菌
6 限制酶
7 切开质体
8 将已有DNA嵌入
9 导入大肠菌中
10 存活的大肠菌
11 大肠菌的增殖
12 大脑答案
最长被选出的大肠菌
大脑液的增殖
延长生物的细胞核
细胞核

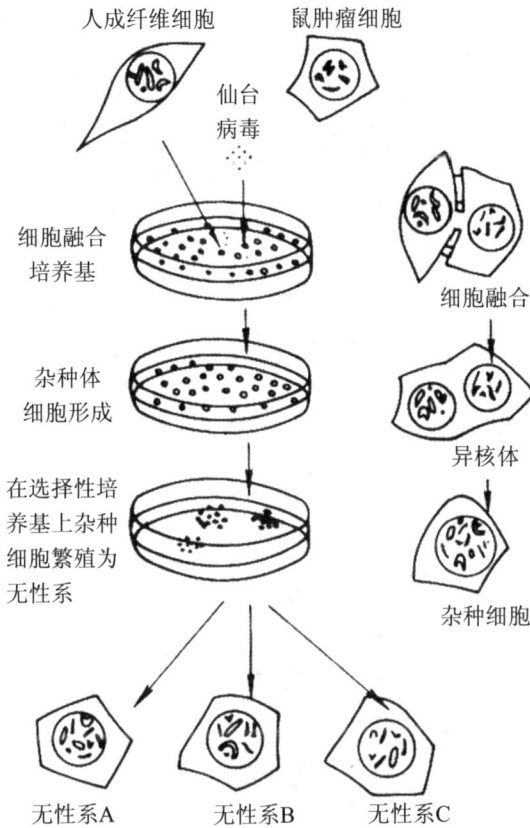

图 8 - 2　小鼠和人的体细胞融合试验

能都被表达，这就打破了远缘生物不能杂交的屏障，提供了创造新物种的可能。用这种体细胞融合的技术，如今已在动物间实现了小鼠和田鼠、小鼠和小鸡，甚至于小鼠和人等许多远缘和超远缘的体细胞杂交（如图 8 - 2）。虽然目前动物的杂交细胞还只停留在分裂传代的水平，不能分化发育成完整的个体，但在理论研究和基因定位上都有重大意义。而植物间的体细胞融合所得到的杂交细胞，已达到了完整的植株水平，获得了新的杂交植物，如

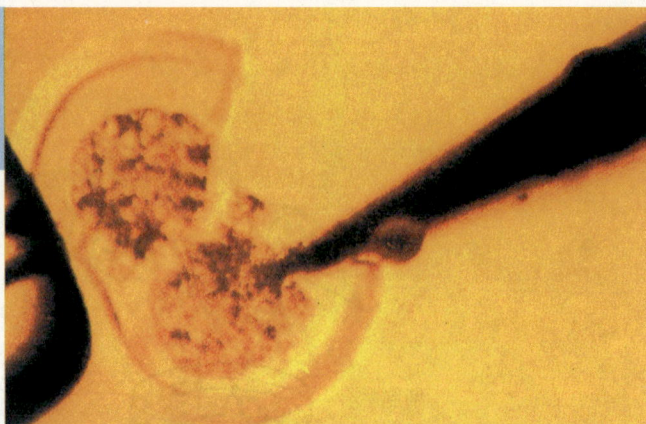

▷ 胚胎在显微镜下被分割。利用胚胎分割技术可以实现一卵多胎

◁ 运用人工胚培养技术，可以在试管中培育植物种子

▷ 应用植物细胞具有全能性的特征，可以通过细胞工程大量培育不含病毒的园艺植物

我们所熟悉的"西红柿马铃薯"、"拟南芥油菜"和"蘑菇白菜"等。

细胞核移植对动物优良杂交种的无性繁殖具有重大意义。1981年，瑞士学者伊梅恩斯等用灰鼠的细胞核注入到除去了精核和卵核的黑鼠的受精卵内，然后再将这个由黑鼠细胞质和灰鼠细胞核组成的卵体外培养4~5天，形成胚胎后再移植到白色雌鼠的子宫里，经过21天的发育，得到的仔鼠是灰色的（见图8-3），说明仔鼠的性状取决于细胞核的来源。这一技术的成功

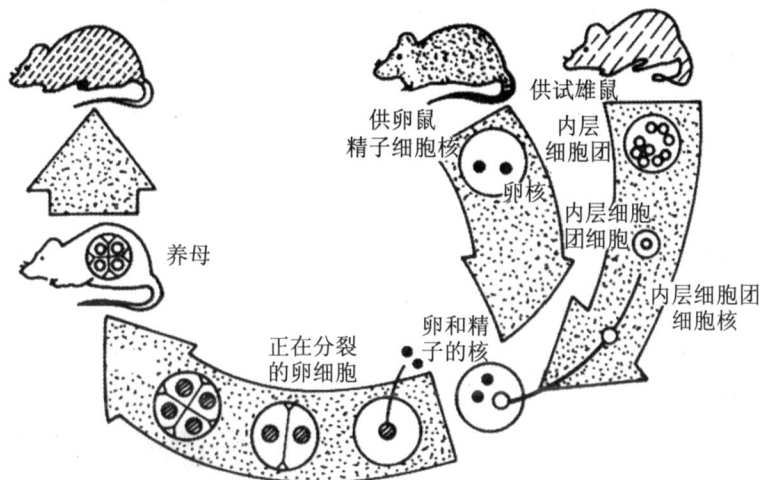

图8-3　核移植制造小家鼠的复制品

与完善对于优良家禽的无性繁殖和濒临绝迹的珍贵动物的传种意义重大。

细胞器的移植主要是指叶绿体和线粒体的移植。如卡尔森用白化型原生质体摄取正常的叶绿体，进而发育成正常的绿色植物；或有人用抗药型草履虫的线粒体植入敏感的草履虫细胞，使

△ 通过细胞融合技术可以将癌细胞转化为具有抗癌作用的抗体

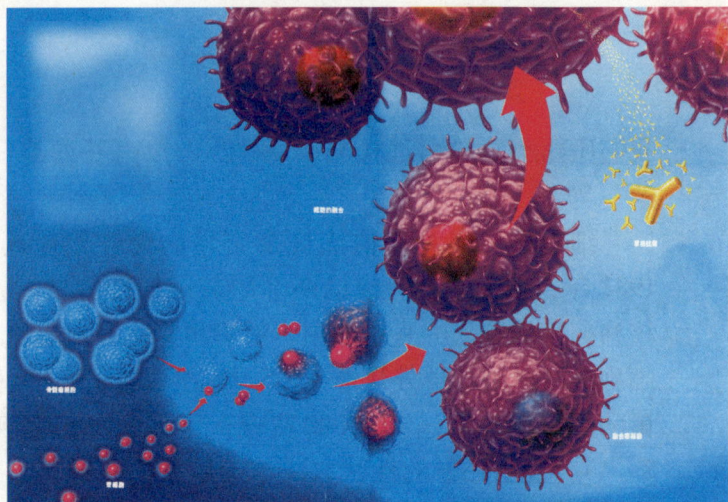

▽ 用单克隆杂交瘤技术生产的单克隆抗体能够诊断出老鼠患有癌症

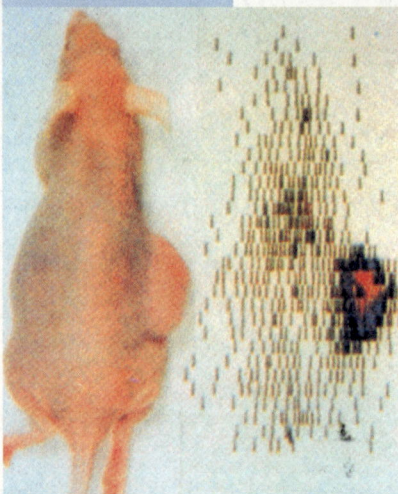

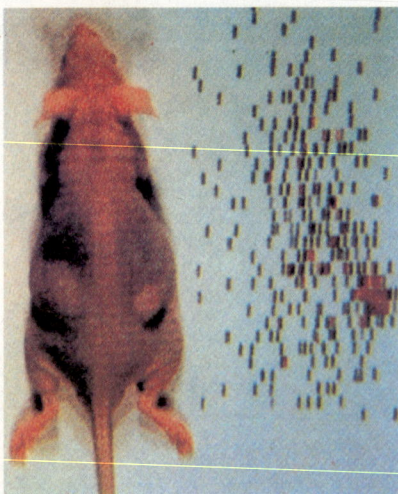

▽ 线粒体移植是细胞器移植的重要研究课题

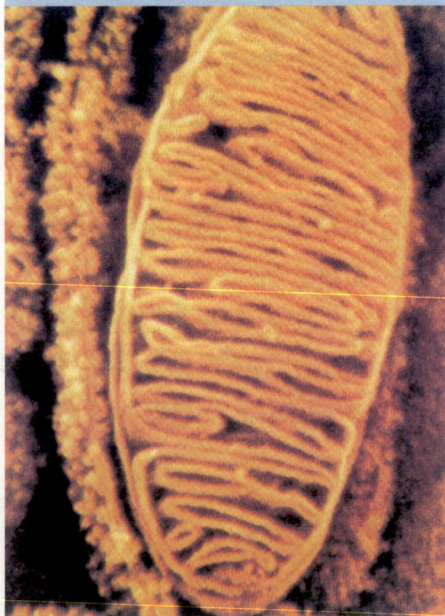

后者获得抗药性等。

染色体工程则是利用染色体替换来改变生物遗传特性，如利用染色体的易位、缺体、三体等方法，获得新的染色体组合。

第四节　酶工程：酶学理论与化工技术结合的新技术

酶是一种在生物体内具有新陈代谢催化剂作用的蛋白质。它们可特定地促成某个反应而它们本身却不参与反应，且具有反应效率高、反应条件温和、反应产物污染小、能耗低和反应易控制等特点。酶工程就是利用酶催化的作用，在一定的生物反应器中，将相应的原料转化成所需要的产品。它是酶学理论与化工技术相结合而形成的一种新技术。

酶工程的应用主要集中于食品工业、轻工业以及医药工业中。例如，固定化青霉酰胺酶可以连续裂解青霉素生产6－氨基青霉烷酸，代替化学合成生产；α－淀粉酶、葡萄糖淀粉酶和葡萄糖异构酶这三个酶连续作用于淀粉，就可以代替蔗糖生产出高果糖浆；蛋白酶用于皮革脱毛、脱胶以及洗涤剂工业；固定酶还可以治疗先天性缺酶病或是器官缺损引起的某些功能的衰竭等。至于我们日常生活中所见到的加酶洗衣粉、嫩肉粉等，就更是酶工程最直接的体现了。

第五节　克隆技术：一项震撼世界的生物工程技术

1997年，全世界最为瞩目的科技事件无疑要数"克隆羊多利"的诞生所带来的震撼。

"克隆"为英文"Clone"的音译，是由同一个祖先细胞分

△ 在电子显微镜下所见到的酒酵母

▽ 抗生素生产的新工艺——酶法半合成法

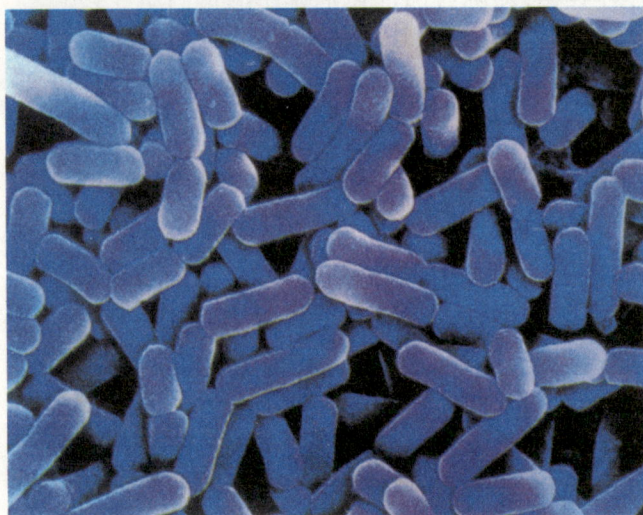

◁ 帮助人们酿制酸奶和奶酪的乳酸杆菌

▷ 利用微生物和藻类固定二氧化碳以净化环境的设想

裂繁殖而形成的纯细胞系。这个细胞系中每个细胞的基因彼此是相同的，亦称无性繁殖细胞系。

无性繁殖现象在低等植物中存在，而"多利"是标准的哺乳动物，它的出现，打破了自然规律。英国的威尔莫特研究小组操纵了"多利"的胚胎发育和诞生过程，他们利用药物促使母羊排卵，然后将未受精的卵取出放到一个极细的试管底部，再用另外一种更细的试管将羊卵膜刺破，从中吸出所有的染色体，这样就制成了具有活性但无遗传物质的卵空壳。接着，他们从"多利"的母亲——一只6岁的母羊的乳腺中取出一个普通组织细胞，使乳腺细胞与没有遗传物质的卵细胞融合，通过电流刺激

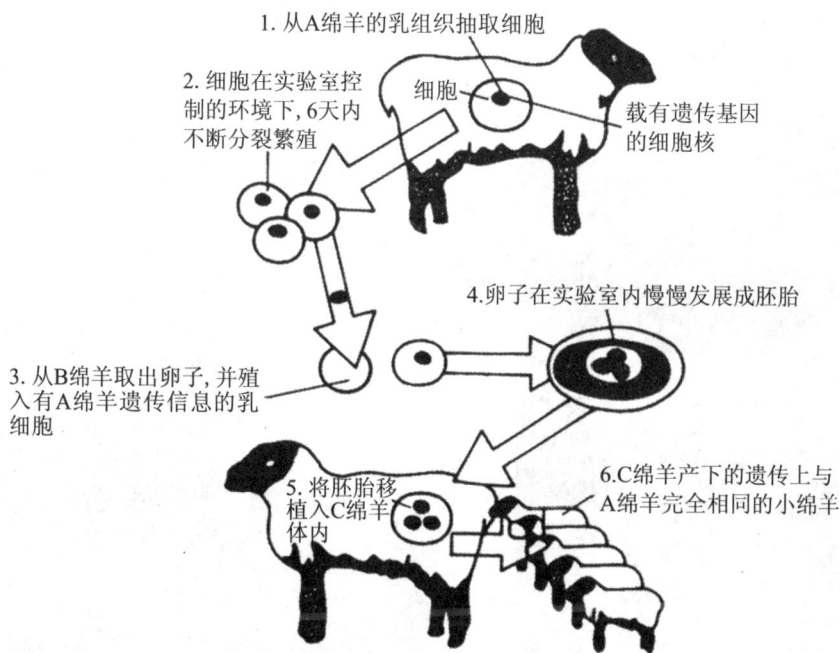

图8-4　克隆羊的培育过程

△ 中国首批本土克隆牛

▽ 克隆羊"多利"之父、英国科学家威尔莫特

▽ 第一只克隆羊"多利"

作用，使两者结合成一个含有新的遗传物质的卵细胞。这一卵细胞在试管中开始分裂、繁殖、形成胚胎，当胚胎长到一定程度时，研究人员再将其植入母羊子宫中，使母羊怀孕并产下"多利"（见图8-4）。

"多利"是世界上第一头"克隆"出来的哺乳动物。它的特点在于它与它的母亲，即那头6岁母羊具有完全相同的基因，可谓它母亲的复制品。"多利"的诞生，意味着人们可以利用动物的一个组织细胞，像翻录磁带或复印文件一样，大量生产出完全相同的生命体。而哺乳动物界的自然规律是动物的繁衍须由两性生殖细胞来完成，且由于父体和母体的遗传物质在后代体内各占一半，因此，后代绝对不是父母的复制品。

"克隆羊"技术引起了全球性的争议。一方面，科学家们认为这一生物工程学的重大成果有着良好的应用前景，它将帮助人类培育出众多的优良作物和家畜品种，从而带来巨大的经济效益，在医学和拯救濒危动物方面也能得到极为广泛的应用。但另一方面，它也给人类提出了一个十分严峻的伦理道德问题："克隆"繁殖法如果一旦被用于人类，将会对社会产生什么样的后果？

2005年2月18日，第五十九届联合国大会法律委员会以71票赞成、35票反对、43票弃权的表决结果，以决议形式通过了一项政治宣言，要求各国禁止有违人类尊严的任何形式的克隆人。当时，中国同比利时、英国、瑞典、日本和新加坡等国投了反对票，投赞成票的国家包括美国、德国、荷兰和巴西。

▽ 培育出"多利"的苏格兰生物学家利用来自胚胎的培养细胞克隆出了羊胚胎的复制品Megan和Morag。图为胚胎培养细胞与卵细胞融合产生克隆后代能够发育生出的胚的过程

供体乳主人
卵中，移头镜
固定卵

电波引起发育

细胞核互相接近彼此共存

来自胚的单个细胞

在培养基中生长的细胞

双色羊胚的细胞

3天的羊胚

存活下来的组图用载
体移植的供体

加有细胞基因
技能高测高因

一条半染色体
DNA 结构

人类蛋白基因
的DNA 序列

羊和人的 DNA 序列融合
然后将其加到作为载体
供体核的羊细胞上

卵巢里的 DNA

第九章　运输科学技术：
缩小空间的距离

　　20世纪，交通运输便逐渐成为一个国家极其重要的基础设施，成为一个国家赖以生存和发展的命脉。在火车、汽车、轮船和飞机进入社会经济及生活的方方面面之后，交通运输进展神速，形成了现代交通运输的格局。现代交通运输是立体的，它包括空中飞行、地面运输和水上航运三个主要部分，它的兴旺发达依赖于航空技术、公路交通技术、铁路运输技术以及航海运输技术这些运输科学技术的不断发展。目前，人们把进一步改善交通运输的重点放在提高飞机性能、建立汽车与公路相互间密切作用的公路管理系统以及提高火车运行速度等方面。让我们的目光追踪着这些运输科学技术竞争的热点，了解它在今天已经达到或正在努力达到的水平吧。

第一节　汽车：地面运输日新月异

　　数十年间，汽车在不同的国家以不同的速度得到了不同程度的普及，随之，公路像一张越织越密的网罩向城市和乡间，现在，道路和汽车都成了维持社会机器运转的不可缺少的元素。然而，任何一个曾经受过交通堵塞煎熬的人，尤其是那些生活在城市中不得不经常忍受这种煎熬的人，已经越来越清醒地认识到公路交通必须有一个大的发展，而且这种发展既不单纯是汽车性能的提高，也不仅仅是道路的扩展，它需要从总体上致力于解决

▷ 德国人本茨1866年制造的世界上第一辆汽车

◁ 工程师正在通过空气动力实验检测汽车空气动力外形和材料强度

▷ 城市立交桥和高速公路网已经成为现代都市的一道风景线

拥挤问题。目前对这方面的研究已经在一些国家展开,并取得了初步进展,勾勒出一幅汽车运输事业即将实现的蓝图。在这张蓝图中,道路以及在道路上行驶的汽车都拥有了信息和处理信息的能力,它们被一个快速、高效的交通控制管理系统有机地连在了一起,形成了一个智能交通系统。

智能交通系统 ITS 是英文 Intelligent Transportation System 的缩写,这是一种将车、路、人联系在一起加以管理的一体化交通综合管理系统。借助这个系统,汽车中的驾驶员对道路的交通状况了如指掌,能够选择最畅通的道路驶向目的地;道路管理人员对道路、车辆的行踪一清二楚,能通过自动调节装置将交通流量调整至最佳状态。

ITS 系统的主体是车辆控制系统、交通管理系统以及自动导航系统,若再配备上多种专业信息管理系统如运营车辆调度管理系统、旅行信息服务系统,便组成了一个集交通管理与交通信息服务于一身的智能型综合管理系统。

在智能交通系统上行驶的汽车是一些拥有车辆控制系统的汽车,可以称之为智能汽车。车辆控制系统是一种能够辅助或替代驾驶员驾驶汽车的系统,它使汽车具有了信息处理能力,使它们不但能够自己眼观六路、耳听八方,能够自我思考、自我判断、彼此交谈,还能与道路相互通讯,及时补救驾驶员的过失并纠正错误。例如,安装在车外部的各种红外装置及相关的控制系统能够测定出前后左右物体的距离,安装在司机一侧车门上的红外线边灯将监视后视镜所看不到的盲点;安装在车身前面的类似雷达样的红外装置可判断路面障碍,计算出相遇时间,并在它感知危险之时发出警告或自动采取减速、转向等避让措施;另外,汽车上的自动导航系统可处理来自卫星全球定位系统的信号,用以确定汽车现在的位置和运行情况,并定时提供汽车运行前方的路口、街道名称等;在监视汽车周围环境的同时,智能汽车还将对

△ 智能交通系统。汽车上的信息终端随时播放交通信息，并显示抵达目的地的最佳路线和所需时间

▽ 安装在汽车上的汽车导航系统已经在日本投入使用。它能够立即显示抵达目的地的最佳路线

▽ 汽车上的电脑系统可显示街道地图和交通堵塞情况

它的驾驶者进行监督，车内的自动稳定控制系统利用由多个传感器组成的协调系统随时探测汽车横向的动量、方向盘的位置、转变的速度及每个车轮的转速，能够及时纠正驾驶员的操作失误；当发现驾驶者过于疲劳导致反应时间延长、眼皮发沉时，还会发出警告提醒他停车休息。

与智能汽车相匹配的道路是智能公路，它借助建在路边的信息库从地区交通管理中心提取信息，并通过沿途设置的红外线微波指示灯向汽车发送信息，使得驾驶者对道路的了解远远超出他的视野。举例来说，如果发生了撞车事故，撞车地点就被自动定位，同时发出呼叫信号，一方面指示救援措施启动，紧急抢救；另一方面警告后面的车辆小心，防止后继撞车。

将汽车与道路和谐地结合在一起的枢纽是交通管理系统，现代化的交通管理系统肩负着两项主要的使命，一是交通管理，利用各种高新技术手段自动调节交通信号，使复杂的公路网的服务水平始终处于较佳状态；二是实施交通监控，借助计算机分析处理车辆密度、车辆行驶速度及车辆求助信号等信息，将哪里交通拥挤、哪里交通畅通、哪里有交通事故等信息迅速提供给交通管理人员和驾驶员，对车流进行疏导。这种先进的交通管理系统通过对路和车的同时管理，使整个公路网上的交通处于最佳状态。自动导航系统则以驾驶员为服务对象，使用这种系统时，驾驶员只要将他的目的地名输入汽车中配置的小型电脑，系统便会通过处理来自全球定位系统的信号，确定汽车现在的位置、运行的情况，提供汽车运行前方道路的资料，帮助驾驶员选择最短行驶路线。如果再与交通管理系统所提供的路况信息服务相结合，自动导航系统便能够为驾驶员选择交通状况最佳的最短路线。假如你是汽车的驾驶者，在你的汽车上路前可将自己的目的地输入车中电脑，电脑便会接收交通管理系统的服务，为你选出一条最快的行车路线。在旅行的途中，你的车载电脑会随时通过与交通管理

ITS系统能够为行人提供交通信息服务。日本川奇市在导盲砖内安有一个开关，盲人只需用手杖一点，就可以听到所处方位等信息

行人可以通过路边的信息终端了解公共交通信息，以便安排出行

公路交通信息地图使交通管理信息一目了然

系统的通讯了解道路的最新动态。引导你快速、安全、舒适地到达目的地。

在 ITS 智能交通系统中，以计算机为核心、运用各种先进技术的这种管理系统，能够使高速公路上致命的恶性交通事故减少 8%，同时可以大大加快交通运行的速度，并且减少对环境的污染。

在智能公路系统上行驶的汽车，不仅聪明、舒适、安全，而且清洁。它使驾车者呼吸得更轻松，使环境免除更大的污染。我们知道，汽车排放的大量废气是造成城市空气污染的主要原因，随着汽车工业从钢铁时代向硅时代的转变，大量的汽车将是采用超流线型、使用喷气战斗机材料制成的超级智能汽车，它跑 100 千米耗油仅 1.6 升，可算是"低污染"汽车；也有可能是使用电作为能源的电动汽车，它可使污染降低到最低限度；甚至可能是真正无污染的燃氢汽车、磁悬浮汽车也会成批量地出现在公路上。

总之不久以后，我们将经历汽车诞生以来公路交通运输系统最深刻的、根本性的变迁，清洁的智能汽车与驾驶者相互协调在日益智能化的公路上畅行，永保平安。

第二节　火车：中距离优先交通工具

在世界上的许多国家和地区，火车优于飞机已成为人们 200～600 千米距离内旅行时优先选择的交通工具。因为乘飞机的旅客先得乘汽车穿行于交通拥挤的市中心，需要花费几乎与飞行时间相同的时间，这种不大令人愉快的体验，使短途旅行者选择了能够正点运行、安全舒适、而且运价便宜的火车。另外，火车的运输量又比汽车多得多。诸多的好处已使火车在现代交通运输体系中占据了重要的位置，正在得到迅速发展的高速铁道系统

▷ ITS系统将极大地提高交通运输系统的效率。通过建立大型货车专用道路网和物流中转站，可以大大提高物流的速度

◁ ITS系统可以全方位地获取交通信息，及时提供引导信息和法规指导，从而使交通管理的效率大为提高

▷ 速度越来越快的火车减少了人们的离别之苦，使现代生活平添了许多浪漫

又将把火车运输引入新的黄金时代。

在欧洲和日本，高速火车已经投入运行。法国有当今世界上跑得最快的火车——"大公快车"（TGV），它在大西洋干线上奔驰的平均时速是 300 千米，最快时速可达到 515.2 千米。德国的高速列车称为"城市间特快"（ICE），它以每小时 250 千米的速度在城市间运行。瑞典的高速火车"X2000"的速度也可达到时速 220 千米。而资格最老的高速火车当属日本的"子弹头火车"，它从 1964 年起便在东京与大坂之间著名的"新干线"上行驶着，40 多年来它的时速从 210 千米提高到 270 千米，"新干线"也已经形成了总长度达 2 045 千米的网，每年运送着数量高达 2.75 亿人次的旅客。目前，高速火车的技术又有了新的进展，建造新一代的高速铁路系统已无技术上的问题。很快，速度更高的火车将出现并普及在世界各地。

新一代的高速列车将采用磁悬浮技术，借助于磁力的方法悬浮、导引与驱动车辆。

磁悬浮列车有两种类型，一种是日本采用的排斥式电动系统，一种是德国开发的吸引式电磁系统，两种磁悬浮列车各具特色。

排斥式系统利用装在车上的超导磁铁来产生导轨中导电线圈内的电流，形成一种排斥的相互作用，这种作用能让可乘坐 44 人、重 15 吨的车辆悬浮起来达 15 厘米高，使整列火车像一架以导轨为基础的、低飞的飞机。吸引式系统则利用车辆上携带的非超导的铁芯电磁铁与位于导轨侧面的电磁铁相互吸引着向上悬浮，使重 100 吨的车辆与导轨之间有 1.5 厘米的间隙。现在，排斥式悬浮列车已经在 7 千米长的试验轨道上创下了每小时 517 千米的纪录，吸引式悬浮列车则在 31 千米长的 8 字形轨道上进行了试验，速度通常可达到每小时 400～450 千米。比较而言，排斥式悬浮列车由于悬浮的高度较高，从而对导轨的制造精度可以

△ 1964年10月1日，日本第一列新干线高速列车"光"1号从富士山旁飞驰而过

△ 德国的"高速交通"2号磁悬浮列车正在试运行

▷ 新一代超导磁悬浮推进式高速列车的构想图

相对放松，对日后转入实际应用，在技术上较为容易，在经济上较为便宜。吸引式悬浮列车则在静止时依旧悬浮，便于短途停靠，适于作为城市交通工具。从目前的研究现状看，吸引式悬浮列车的行驶质量比排斥式要高一些，乘车的感觉比较平稳、舒适。悬浮列车要在一条专用的线路上行驶，这条线路不能与其他道路交叉，并且配备先进的控制设备，以最大限度地保证旅客的生命安全。

铁路运输有着美好的未来，铁路系统传统的服务特色安全、正点，与新添的特色——高速、舒适相结合，会使我们的旅行成为愉快的享受。

第三节　飞机：人类翱翔蓝天

自飞机进入民用航空领域之后，短短几十年间人们的旅行及运输观念发生了明显的改变，尤其当大型的喷气式飞机能够翱翔于大多数风暴之上跨越数千千米的距离之时，乘飞机旅游、出差、做生意已成为不少人的习惯，更短的旅行时间、逐渐便宜的价格，使飞机变为越来越多的人们远途出行计划中首选的交通工具；用飞机运送鲜花、鲜果、鲜活产品成为精明的商家经营战略的一部分，这种经营也使居住在不同气候环境下的人们，分享各自独有的鲜美特产，像仅产于我国岭南和台湾的美味水果荔枝，极容易变质，但现在不仅能让全国各地的人们享用，还能远渡重洋出口到美国，其中就有飞机的功劳。随着航空技术的进一步发展，我们期望飞机的客、货运输业会有更大的发展，给人们带来更多的实惠。

目前，许多城市的机场已经十分拥挤和繁忙，飞机起落过于频繁，给安全带来重大隐患，但老机场的扩展和新机场的建设都受到诸多因素的限制，很难与需求同步，成为制约航空运输发展

▷ 超导磁悬浮流线型列车的构造

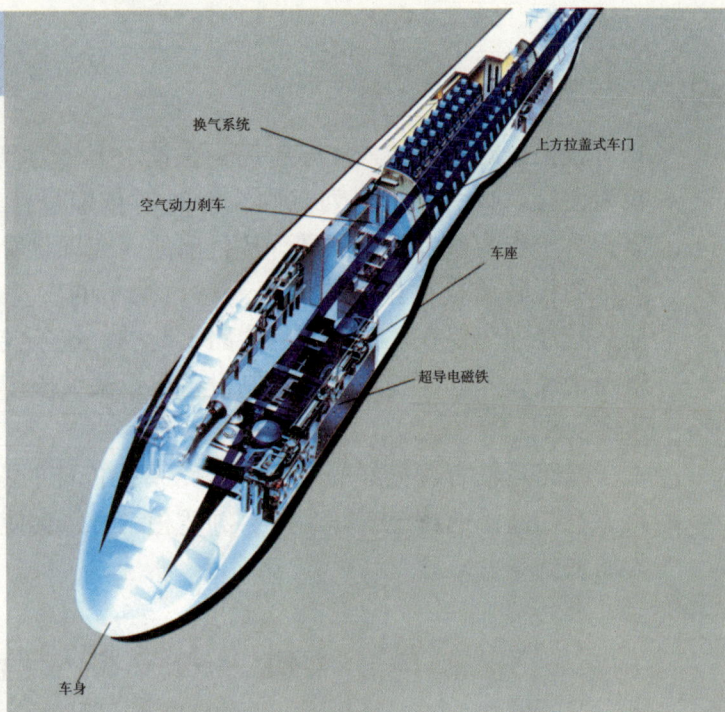

换气系统

上方拉盖式车门

空气动力刹车

车座

超导电磁铁

车身

◁ 日本正在研制的时速达550千米的超导磁悬浮流线型列车

▷ 波音777远程客机

　　的瓶颈。为解决机场拥塞问题，人们把目光转向巨型飞机的设计和制造上，各大飞机制造公司竞相从事这方面的研究，产生了多种设计方案。美国波音公司设计的一种方案所展现的巨型飞机，从形状到性能都与正在今日蓝天上飞翔着的飞机有很大的不同。

　　借助先进的计算机辅助设计技术设计的这种飞机形状独特，有点像海中游弋的鳐鱼：五短身材的机身包含着驾驶舱在内，像树桩一样从厚厚的机翼中探出头来；类似一个三层影剧院的可容纳600～800名乘客的客舱位于机身和机翼内。这还只是新式巨型飞机在外观上的变化，其实它在许多方面都有重大的改进。

　　从材料上看，它的机身和机翼将采用铝锂合金，这种密度更低、强度更高的铝合金能够减轻飞机的重量；另外还有一种把石墨纤维嵌入有机聚合物中所制成的复合材料被用来制作承载轻负荷的构件，它比铝锂合金还要轻，在波音777上所使用的复合材料就已达到结构重量的7%，在这种飞机上它有可能占有更大的比例。

　　在飞机的心脏部位一种更好的喷气式发动机将被采用，这种发动机由可耐更高温度的金属和陶瓷的复合材料制成，能用较少的燃料产生同样大的推力，而且自身重量更轻、使用寿命更长。

　　在飞机上还将大量采用微型机械——微传感器和微致动器，并且遍布计算机。微传感器构成的监视网不仅使飞机对自己的状态了如指掌，它所提供的信息还可以帮助机械师迅速找出问题源，尽快完成保养维护；传感器网得到的信息经计算机及时、准确地处理之后，能通过微致动器开启和关闭对工程师们早已了解但却无能为力的许多现象进行控制。例如，机翼上安装的微传感器能够在感受到一定的湍流量时通知微致动器吸入一定量的空气，以便使飞机表面的气流变得平稳，减少空气阻力。这种反馈和控制还达到了重新分配机械负荷的作用，能够延长机翼的使用寿命。

△ 欧洲空中客车公司的A3××超大型客机的设计方案模型。这种双层客舱的大型客机已在2003年投入使用

◁ 欧洲空中客车公司生产的A319客机采用了电脑操纵，灵敏度和安全性大为提高

▷ 飞机机身内布满大量电缆线，它们可以使飞机各个部位的操纵相互配合

在飞机的大脑——驾驶舱中，计算机将能够把飞机上仪表所表达的巨大的数据流加以筛选，提炼出最重要的信息投射到飞行员的帽檐上，让飞行员能够在极为关键的几秒钟之内迅速判断出危险，并确定应采取的行动步骤。研究人员告诉我们，有朝一日，飞行员将可以用脑电波控制驾驶舱指示器而对不测事件作出更加迅速的反应。

这种巨型客机虽然体积很大，但飞行速度比现在的飞机要快，飞行高度也更高，飞行噪音却降低了许多，所用燃料也较少。这种能连续航行 14 个小时的飞机，在各个方面的进展足以使我们的空中旅行变得更快捷、更便利、更安全。

在信息技术高速发展的今天，物质流通和人际间交往的需要会更加迫切。因此，现代化的运输科学技术将对促进国民经济的繁荣发展、加强国防实力、改善人民生活起着越来越重要的作用，它越来越成为最具有发展活力的科研领域之一。

△ 一种速度为3马赫的超音速远程客机

▽ 科学家所设想的一种能够在大气层外高速飞行的超高音速客机

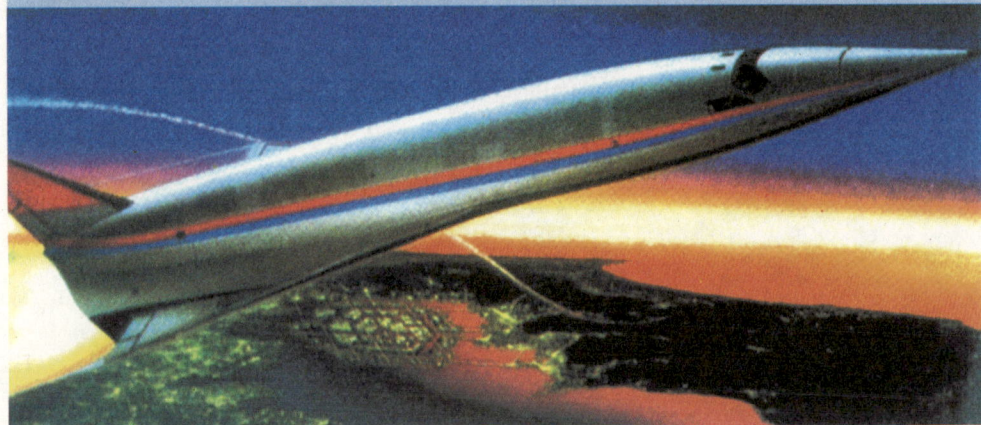

▽ 一种未来的巨型超高音速飞机的畅想图。航空技术在21世纪将成为最具活力的新技术领域之一

第十章 科学技术与可持续发展：让科技染上绿色

第一节 应用与发展科学技术应持负责和慎重态度

科学技术是第一生产力，是人类推动文明进步的历史杠杆。可以这样说，如果没有科学技术，就根本不会有人类文明从古至今的发展。但科学技术一方面给人类带来福祉；另一方面，人类在应用科学技术时也会给自己赖以生存的自然环境带来前所未有的影响和难以预料的危险。例如，火给远古时代的人类带来了熟食、光明和温暖，铁被古人用于制造劳动工具，但火和铁也是人类毁林的主要手段；工业革命以来，在世界经济迅速增长的过程中，科学技术作出了突出的贡献，但人类所运用的科学技术在给人类的个体生活带来各种方便和舒适的同时，也由于人类的短视和对后代及他人不负责任的态度及行为，曾经起到过破坏人类生存环境的作用。例如，煤和石油的开发导致了温室气体的大量排放；汽车工业的发展导致了对城市大气的污染；制冷产品对臭氧层产生了破坏作用等。现代科学技术的发展导致了核武器的出现，它给人类带来了"恐怖的和平"，核战争也是对人类文明延续的最直接、最明显的威胁。

总的来说，科技的进步一方面增强我们在自然界中的自主性；另一方面也成了我们打破自然界生态平衡的工具。这说明科学技

▷ 一座发生泄漏的核废料储藏厂

△ 卫星拍摄的科威特油田燃烧的情景

▽ 钢筋水泥丛林构成的现代城市日渐成为污浊不堪的热岛

术对于人类来说是一把双刃剑。人类应该在发展和应用科学技术时持更加负责和慎重的态度;科学技术并不是解决人类生存和发展的所有问题的万应灵丹。这方面最典型的一个例子就是瑞士人缪勒在 1935～1939 年之间发明了 DDT,由于它能杀灭多种害虫,当时有人将它和青霉素、原子弹誉为第二次世界大战期间人类的三大发明。缪勒本人也由此获得了 1948 年的诺贝尔生理学和医学奖。但半个多世纪的应用表明,DDT 给人类和环境带来的长远危害远远大于短期利益(见图 10－1)。事实上,如果人类不改变传统的发展观,不调整科学技术发展的方向和更慎重地评价科学

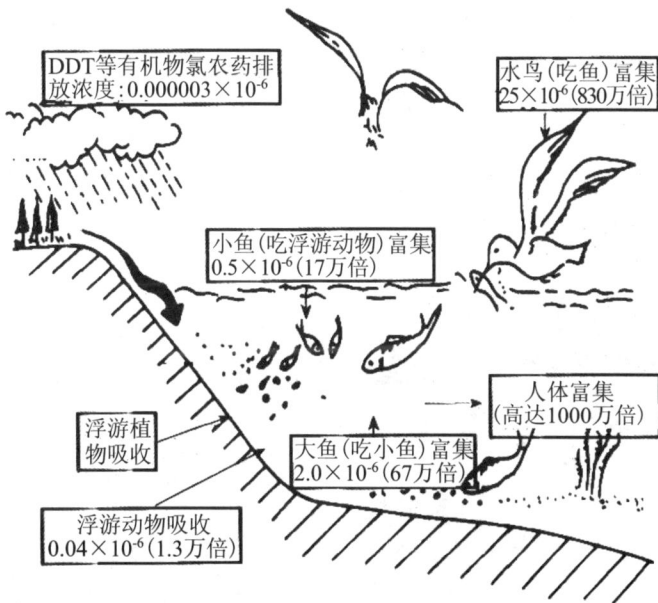

DDT 等有机物氯农药排放浓度:0.000003×10^{-6}

水鸟(吃鱼)富集 25×10^{-6}(830万倍)

小鱼(吃浮游动物)富集 0.5×10^{-6}(17万倍)

人体富集(高达1000万倍)

浮游植物吸收

大鱼(吃小鱼)富集 2.0×10^{-6}(67万倍)

浮游动物吸收 0.04×10^{-6}(1.3万倍)

图 10－1　污染物质的生物富集

技术应用的社会后果和环境效果,科学技术也可能成为我们破坏环境的手段和工具,从而威胁到人类文明的进步和延续。因此,全面认识科学技术的本质和估价科学技术的社会作用,正确地开发

△ 日本水俣病的受害者，造成这一悲剧的罪魁祸首是化工废水中的甲基汞

▽ 在企鹅出没的南极大陆也发现了有毒农药DDT，污染物经过生物富集给人类带来了巨大的危害

▽ 化学污染使河中的水生物一夜之间惨遭灭顶之灾

和合理地利用科学技术,便成了当代人类所面临的一个具有挑战性的问题。

第二节 科学技术为环保服务

近三百年来,人类一直是利用粗放的技术手段,通过对不可再生资源的高消耗来追求经济数量增长的,对环境问题采取了"先污染后治理"的态度。然而,20世纪30年代至60年代在欧美和日本等工业发达国家所发生的著名的"世界八大公害事件"逐步引起了人类对环境问题的关注。这八大公害是:比利时马斯河谷有害粉尘致人死亡,美国多诺拉镇有毒化学物质致人死亡,洛杉矶光化学烟雾,伦敦烟雾,日本四日市被污染的空气导致呼吸道疾病,日本水俣市因水和食物污染导致的水俣病,日本高山县发生的骨痛病,日本北九州和爱知县一带发生的米糠油食物中毒等。

此后,1971年在斯德哥尔摩召开了第一次世界环境大会,首次将环境问题提到国际议事日程上。人类开始注意到,在世界经济迅速增长的过程中,科学技术为经济的繁荣作出了贡献,但工业时代人类所运用的科学技术在给人类的个体生活带来各种方便和舒适的同时,也由于人类的短视和对后代及他人不负责任的态度与行为而起到了破坏人类生存环境的作用。1983年11月,在联合国主持下,成立了世界环境与发展委员会(WCED)。该组织由曾任挪威首相的布伦特兰夫人担任主席,它的22位代表经过在世界各地的广泛调查和与有关人士的讨论,于1987年向联合国提交了一份题为《我们共同的未来》的报告,对"可持续发展"作出了经典的表述:"可持续发展是在满足当代人需要的同时,不损害后代人满足其自身需要的能力。"该报告还指出,"只有人口发展与生态系统中变化着的生产潜力相协调,发展才可能是可持续的。""从广义上来说,可持续发展旨在促进人类之间以及人和自然之

▷ 日本人所设想的东京湾穹顶。设想者希望借此防止二氧化碳和其他有害成分污染大气

◁ 日本东京电力公司生产的电动汽车

▷ 日本的一个先进的水污染检测处理系统。这个系统由计算机信息系统进行控制和管理，可以对地下水进行多种技术处理

间的和谐。"此后,1992 年由 183 个国家和国际组织以及非政府组织的代表参加的、在巴西里约热内卢召开的联合国环境与发展会议,通过了以《21 世纪议程》为主的一系列文件。从政治平等、消除贫困、环境保护、资源管理、生产和消费方式、科学技术、立法、国际贸易、动员广大群众的参与(特别是妇女、青年和当地群众的参加)以及加强能力建设和国际合作等方面进行了讨论,并达成了共识。标志着人类第一次将可持续发展由理论和概念推向行动,开始走向可持续发展的新阶段。当时中国政府李鹏总理出席了里约热内卢会议,代表中华人民共和国政府签署了《21 世纪议程》,并承诺要认真履行会议所通过的各项文件。2003 年 7 月,中国发布了《中国 21 世纪初可持续发展行动纲要》。

"可持续发展"的核心是基础广泛的经济发展,人类不断进步和稳定的人口,良好的生态环境基础以及高效和节省自然资源的技术进步等各方面的协调发展。可持续发展要求在满足当代人需要的同时不损害后代人满足其自身需要的能力,一个国家或地区的发展不应影响其他国家或地区的发展。这表明人类已经开始超越时间和空间来考虑和处理环境与发展问题。目前,中国正处在经济体制由传统的计划经济体制向市场经济体制转换、经济增长方式由粗放型增长方式向集约型增长方式转换的历史性时期。应该看到,中国是在人口基数大,人均资源少,经济和科技水平都比较落后的条件下实现经济快速发展的,这使本来就已短缺的资源和脆弱的环境面临着巨大的压力。通过高消耗追求经济增长和"先污染后治理"的传统发展模式已不能再适应当今和未来的要求,而必须依靠现代科学技术,努力寻求一条人口、经济、社会、环境和资源相互协调的、既能满足当代人的需求而又不对后代人满足他们需求的能力构成危害的可持续发展的道路。

从人类文明史的角度看,农业文明科技含量低,农业社会中科学技术不够发达,人类在整体上依从于自然界,在自然的母体上通

▽ 地球生物圈是人类和全体地球生命的家园，发展决不能以牺牲地球生态环境为代价

△ 流线型太阳能动力汽车

▽ 马尔科岛过去是一片荒凉的沙丘，如今已经治理为景色宜人的观光胜地

过扩大生产规模和增加人口数量来发展,虽然没有造成全球规模的环境问题,但也造成了大规模的水土流失和局部环境严重破坏,所以是一种"黄色文明"。在工业社会中,人类依靠科学技术"征服"自然界,掠夺性地开发资源和能源,无节制地发展自己,最后导致了资源危机,严重污染和破坏了人类自身赖以生存的地球环境,以至于从根本上危及了人类的生存。因而,工业文明可看做是一种"黑色文明"。一个可持续发展的社会应该有两个基本前提:一是人类的自然观、财富观、消费观、发展观发生了根本性变化;二是科学技术有了极高的发展,并且人类能够更加自觉地按照保护环境和人类共同利益的原则应用科学技术。这样人类才有可能在不破坏自然环境的前提下实现发展,与自然和谐相处,社会的发展不再以破坏环境为前提和代价。因而,可持续发展社会的文明是一种建立在高科技基础上的"绿色文明"。据此,一个社会想要实现可持续发展,人们应该根据社会发展的目标,更多地对科学研究的价值和技术发展的方向进行评价和调整。在一个可持续发展的社会中,科学技术工作应该是以提高人的生活质量与自身素质为中心,围绕着改善人的生存环境、调整人与自然之间的关系、促进社会事业及相关产业的科技进步、推动经济与社会相互协调和可持续发展等目标而展开。

第三节　科学技术为可持续发展服务

由于科学技术在人类社会发展中所起的关键作用,在确定了可持续发展的社会发展目标的前提下,必须看到科学技术在可持续发展方面不可缺少的作用。从本质上来看,科学技术具有不断探索的特点,可以不断为人类的发展开拓出新的空间。例如,高能物理学和受控核聚变技术的发展,可能为人类找到新的能源和资源;航天技术的发展可能扩大人类的生存空间;海洋科学技术的发

▷ 科学家为研究生态系统而建造的"生物圈2号"温室。在这个温室中，可以利用生物的自净能力处理垃圾和发电

◁ 如何处理人与自然的关系，是建立"绿色文明"所必须面对的观念问题

▷ "沙漠运河网"计划设想图。这张图设想利用太阳能水泵抽取和拦贮地下水以改造沙漠

展可能使人类实现"蓝色革命"，充分利用海洋在养殖方面的潜力，开发海底资源；生物技术甚至可以彻底改变农业的生产方式，从而改变人类农业的发展模式。但是，可持续发展思想提醒我们不应忽视地球的有限性、科技发展前景的不确定性等限制条件。另外，科学技术史表明，在一项开拓性的科学技术成果诞生时，我们并不能对其社会后果作出完全的评价。就当前的情况来看，不加控制的人口和人类社会需求增长规模和速度，已大大超过了科技前沿进展为人类发展开拓空间和领域的速度。所以，人类必须彻底改变观念，改变发展模式，由注重外延扩张和数量增长的发展转向注重内涵和提高生活质量的发展，并据此调整科学技术发展的模式和方向，让科学技术直接为可持续发展服务。

科学可以帮助人类更好地理解人类活动与环境之间的关系。可持续发展需要对地球的承载能力、对人类活动的恢复能力、支持生命的能力，以及自然系统破坏的原因，土地、海洋和大气的能量流动之间的内在联系等，进行科学的研究。这就要求综合运用各门科学知识和必要的监测与分析技术。可持续发展要求人类更好地把这种知识运用于制定发展与环境管理的政策。为此，要求社会不断加强科技界和决策者之间的联系与合作，以便根据最佳的现有科学技术知识制定和实施可持续发展战略。

从技术的角度看，由于可持续发展需要社会更负责任地评价和调整技术发展的方向，这就要求发展环境合理的技术，发展中国家还有必要发展适合自己国家的适用技术。例如推动清洁能源、清洁生产工艺技术，保护环境；用高科技建设可持续发展的农林业，以确立21世纪的绿色产业；开发环保高技术，包括节能技术、废弃物资源化技术，发展环保产业；发展医药技术，在住宅、交通、通信、教育等社会服务业中大力推广应用高新技术，以便为人们创造很好的生活环境，提高生活质量。有人将此称为科学技术发展的生态化方向。对中国来说，当前最关键的一个任务就是依靠科

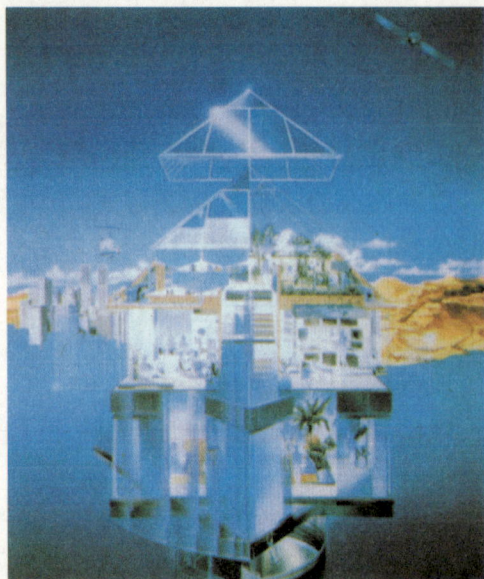

△ 构想中的未来海上城市的剖面图。人类在不断开拓新的生存空间的同时，要与环境相协调而发展

△ 这是一幅号召人们保护地球臭氧层的公益广告招贴画。实现可持续发展需要地球上所有成员的共同努力

▽ 月球基地的构想图。人们希望21世纪能够在月球上建立具有实用价值的永久基地

技进步对高消耗、低效益的传统产业进行技术改造和革新,实现技术的更新换代,以充分挖掘潜力,降低物耗和能耗,提高投入产出比。对于中国的广大乡镇企业来说,则是要加大科技投入,提高档次,用科技进步推动经济发展,彻底摆脱以破坏环境为代价的发展模式,从根本上转变经济增长方式,提高经济发展的质量,实现经济的可持续发展。

　　总之,科学技术作为人类推动历史进步的杠杆,不但是我们了解自然的窗口、开发自然的工具,也是我们保护自然的金钥匙。我们应该充分发挥科学技术在利用自然资源和保护环境方面的关键性作用。科学技术并不能保证我们走可持续发展的道路,但当我们选择了可持续发展的道路之后,只有依靠科学技术的引导,才能将人类文明继续推向前进。

△ 挪威的一座试验性海浪发电站。波浪能、风能等可再生资源是未来资源开发的重要方向

△ 利用海水制氢的海上制氢工厂设想图

▽ 美国旧金山的一个风力发电站。技术的进步使风力发电进入了实用化阶段，科技发展指引着人类未来的发展方向